ジャンクカメラの分解と組み立てに挑戦!

2-1
COSINA CT-1 SUPER

▼ P.34

シンプル構造CT-1は、分解入門決定版。部品が少なく手数もいらず、カメラの原理も見えてくる。ミラーボックス外したときに、初めて味合うこの快感。フルメカのギアとギアとが噛み合って、動いて見せるいじらしさ。AF、デジカメなんのその、機械仕掛けの健気さは、永劫続くリサイクル。廉価、軽量、堅実で、実用本意のお散歩カメラ。

Topics

トップカバーを開ける／前板の取り外しとプリズム降ろし
ミラーボックスを取り出す／再組み立て

2-2
OLYMPUS OM-1

▼ P.44

値段に流されプラ化をしても、やがては還る金属に。銀のボディに三角ペンタ、OM-1は美しい。されど問題また多く、プリズム腐蝕は汚いし、巻き上げレバーも動かない。嘆くな嘆くな対処はできる。プリズム補修にギア修理、素人だって無理じゃない。わかれば単純OM-1、造りもシンプルOM-1、とにかく素敵なOM-1。鶴は千年、カメラは万年。

Topics

トップカバーの分解とプリズムの交換／巻き上げロックの原理
真ん中のギアの取り外しと取り付け／
OM10からのプリズムの取り出し／OM10再組み立ての際の注意点

古い物には味がある。行儀が良いから気持ちも和む。部品は多いが悪意は皆無。素直に素直に楽しめる。分解修行の教科書は、M42の実力派。古今の名玉よりどりみどり。シャッター幕の貼り替えで、ほとんど直る頑丈さ。原点見つめて息を吐く。分解だけじゃ飽きたらぬ、こいつに惚れたら修理の修行。便利なだけが価値じゃない。

Topics

トップカバーを外してプリズムを取り出す／ミラーボックスの取り外し
シャッター幕の動作チェック／シャッター幕の交換
フォーカルプレーンシャッターの原理

2-3 Pentax SV

▼ P.60

庶民の味方のサンキュッパ、実用本意の元気者。今日も働く現場の相棒。そうは言っても酷使をすれば、さしもの猛者も調子は狂う。ミラー、巻き上げ、ファインダー、全部まとめてメンテをしよう。中身は意外に複雑で、軽い気持ちじゃ分解できぬ。分解できても戻せない。経験だけじゃ直らない、理屈も必要二刀流。ここを越えれば一山越える。

Topics

トップカバーを開ける／前板とミラーボックスの取り出し
シャッターとミラーボックスのチェック／再組み立て

2-4 RICOH XR500

▼ P.80

2-5

Canon AE-1

P.94

改良に、改良重ねた優等生。過剰も不足もないけれど、ちょいと気になるシャッターの鳴き。きゅいん、きゅいんと油をせがむ。情にほだされうかつにやれば、あっと言う間に御臨終。油は劇薬破滅薬。きちんと分解、きちんと注油、それが正しい人の道。フレキ地獄もなんのその、今まで鍛えたウデひとつ、挑んでみせましょ難関に。

Topics

トップカバーを開ける／ペンタプリズムの取り外し
レリーズ用コイルのチェックと清掃
前板とミラーボックスの取り出し

2-6

Nikon EM

P.104

小さくて、可愛いけれど問題児、こまっしゃくれたフラッパー。AE不良にシャッター不良、不良少女の行く末はジャンクワゴンか押し入れか。分解ファンが救い出す、愛情あふれたメンテとて、どこまで役に立つのやら。素人修理にゃ荷が重い、本気で直すつもりなら、プロに頼るが賢明だ。バラすだけ、バラして知らぬと言わぬよに。

Topics

ファインダー系の清掃／AE用摺動抵抗の清掃
プリズムの取り出し／ミラーボックスの取り出し

真っ黒な帯が一本プリズム腐蝕。ピカピカ美人も黒塗りじゃ、ピントの位置さえわからない。プリズム蒸着数千円、ドナーカメラも数千円、廉価機修理は馬鹿らしい。さればとて、捨てるに惜しい動作品。やってみましょう、プリズム補修。銀を剥がして鏡を貼れば、何とか見えるファインダー。アルミ蒸着ポリエステルが、救いの神になるのかも?

Topics

トップカバーを外す／プリズムの取り出し
プリズムの補修／前板とミラーボックスの分解

2-7
Minolta X-7

▼
P.116

シャッター汚れはEOSの宿命。廉価、軽量、高性能も、真っ黒写真の悪夢が怖い。だがしかし、あきらめるのはまだ早い。ウデに覚えがあるのなら、起死回生の大分解。工具はドライバ、半田ゴテ。シンプル構造、勇気も凛々。されど届かぬ我が思い。奥の院にと鎮座するシャッター羽根は遠い人。ダメで元々、直ればラッキー、ちょいとスリリングな腕試し。

Topics

トップカバーを開ける／シャッター羽根の清掃

2-8
Canon EOS 1000

▼
P.126

レンズ分解初歩の初歩、きわめて簡単Super Takumar。細かいことは気にせずに、回せば外れるレンズたち。逆の手順ですぐ戻る。ピントも絞りもいじらない。まずはここから始めよう。

3-1
Pentax Super Takumar
55mm/F1.8

▼
P.136

3-2
OLYMPUS OM ZUIKO
50mm/F1.8

▼
P.140

明るくて軽くて便利な50mm。造りは少々複雑で、レンズと絞りとヘリコイド、絡み合ってて気を使う。でも、ヘリコイドの分解は、一度はやってみたいもの。グリス交換入門に、ちょうど良いのがこのレンズ。

Topics

レンズの分解と清掃
ヘリコイドの分解

ズームレンズは複雑だけど、古いペンタは素直な造り。順番通りにレンズを外しゃ、カビ取りなんてすぐできる。ヘリコイドには手を付けない。本格ズームにかかる前、こいつはクリアをしておきたい。

3-1
Pentax M ZOOM
80-200mm/F4.5

▼
P.146

3-4

SIGMA ZOOM-κII 70-210mm/F4.5

▼ P.150

ズームレンズの難しさ、少しはわかるこのレンズ。ゴムを剥がしてネジ探し、ヘリコイドもマウントも取り外す。逆手順で戻しても、まずは出ないよ無限遠。ハマりはじめりゃキリがない。

Topics
レンズの分解と清掃
ヘリコイドの分解

3-5

Canon EF 35-80mm/F4-5.6

▼ P.156

安くて軽くて良く写る、けれど中身はプラレンズ。カビも生えます故障もします。ジャンクワゴンで佃煮に。手に取る人もあらばこそ。だがこれは、分解だけでも価値がある。考えてしまう、この造り。

introduction

はじめに

本書は銀塩カメラの分解方法を解説したものです。今まで、カメラ修理の入門書は何冊か出版されていますが、いずれも内容が高度で素人には難しすぎるものでした。また、扱っている機種も高価なものが多く、分解にも勇気が必要だったように思います。そこで本書では、安価で実用性のある機種を選び、分解方法を１ステップずつ丁寧に図解することにしました。おそらく、ここまで丁寧な分解の入門書は初めてだと思います。

筆者はカメラの修理の専門家ではなく、ジャンクカメラの一愛好家にすぎません。そのため、知識が十分でない点や、誤っている部分もあるかもしれません。また、本来の意味での「修理」はできません。しかし、素人だからこそ、素人の知りたいこと、やりたいことは理解できるつもりです。そのエッセンスをこの一冊に詰め込みました。

今やすっかりデジカメが主流になり、銀塩カメラは過去の遺物となりつつあります。しかし、ギア、バネ、テコだけで動く機械の魅力は、ノスタルジアを超えた価値を持ちます。実用品として見直される日も来ると信じています。本書が銀塩復権の一助にでもなれば、望外の幸せです。

なお、本書の企画・編集に関しては、技術評論社書籍編集部の青木宏治氏に御尽力いただきました。末文ながらお礼を申し上げます。

2005年10月　水滸堂ジャンクカメラ研究室

basic chapter

基礎編

JUNK CAMERA

1-1 分解の前に

**「分解」と「修理」は、しばしば混同される。
確かに修理には分解が必要だが、
分解すれば修理できるというものではない。**

分解＝修理ではない！

まず最初に強調しておきたいのは、本書はあくまでジャンクカメラの分解方法を説明したもので、決して、

カメラ修理の入門書ではない

ということです。確かに本書では、カメラを分解して不具合に対処する方法も説明しています。しかし、素人が行うこの種の行為は決して「修理」とは言えません。むしろ、かなり高い確率で「壊す」行為です。本当の「修理」とは、工具も資料も部品も計測器も揃えたプロが、故障したカメラを新品に近い状態に回復させる行為を言います。素人が勝手に注油したり、プリズムにアルミ箔を貼ったり、レンズにクリーニング液を直掛けしたりすることではありません。

実際、プロによって修理された機体と、素人が手を入れた機体を比べるて見ると、その差は歴然としています。素人の分解した機体は、一見正常動作をしているように見えても、外観、ファインダー、精度などでプロの修理した機体とは雲泥の差があります。素人分解を「修理」と呼ぶのは、とんでもない思い上がりです。一度プロの修理業者にオーバーホールを依頼してみれば、その違いが実感できるでしょう。

また、素人分解を行うと、かなりの確率で元に戻せなくなります。もし、あなたが貴重なカメラを生き返らせようと思って本書を手にしたのなら、それは大きな間違いです。そんなつもりで分解すればとんでもないことになるのは必定なので、絶対に止めてください。本書はあくまでジャンクカメラを分解して遊ぶための入門書です。「壊してもいいや」とか、

**元に戻せなくなったら
老後の楽しみに取っておこう**

くらいの気持ちがないと、素人分解はできません。もちろん、本書を参考にして分解をして元に戻らなくなっても、著者・編者・出版社は**一切全く全然責任を取りません**。100％自己責任で行ってください。

キーワード

ジャンクカメラ

故障や破損、汚れ、型遅れなどによって、商品価値がなくなったカメラのこと。必ずしも故障したカメラのことではない。正常に動作していても、元々の性能が低く外観が汚ければ、ジャンクカメラとして扱われることもある。そのため、カメラ店のジャンクワゴンにはしばしば動作するカメラが混じっている。ただし、ジャンクと名が付けば動作の保証は一切されない。

修理とは言えないけれど…

とは言うものの、「じゃあ分解するだけなのか？」という疑問を持たれる方も多いと思います。この質問に対しては「イエス」と答えるしかありません。基本的に、本書がカバーできる範囲は「分解」までです。しかし、分解さえできれば、修理モドキのことも多少はできるようになります。

たとえば、ファインダー系の掃除です。分解ができれば、アイピースの内側に発生したカビを取ったり、プリズムに付着したゴミを取り去ることができます。もちろん、素人仕事ではホコリの混入は不可避ですが、「以前よりはマシ」くらいの状態にはできるでしょう。

もう1つは、破損パーツの交換や補修です。素人修理の基本は「ニコイチ」ですが、これは分解方法と組立方法だけわかれば可能です。簡単な箇所のパーツ交換ならば、カメラの複雑な構造を理解する必要はありません。たとえば、腐蝕したプリズムを正常なプリズムと交換したり、破損した巻き戻しクランクを正常なクランクと交換したり、銀色のトップカバーを黒のトップカバーと交換したり、というようなことができます。

ただし、素人が一度開けた機体は、たとえどんなに上手く元に戻したように見えても、精度に問題が出ます。特に古いカメラの場合、気が付かないようなところにスペーサーやNDフィルターが入っているものです。これらはピントや露出の精度を確保するために必要不可欠なものですが、分解中に落としたりなくしたりすることがしばしばあります。一度素人が分解した機体は、ネガのサービスプリントで支障がなければ上出来だと思ってください。

キーワード

ニコイチ

故障した2台（複数台）のカメラから使える部分を集めて、1台の正常なカメラを組み上げること。こうして組み上げたカメラは「フルーツポンチ」とも言うらしい。つげ義春の『無能の人』の主人公は、中古カメラ業者になり成功しかけたが、フルーポンチで信用を失ったという設定になっている。つまり、プロの修理職人でもない限り、こういうことをやってもマトモなものにはならないということ。

人間、正直が宝です

素人分解は「修理」とは言えないと書きましたが、だからと言って、素人分解が「悪」だということではありません。今や、実用性のある一眼レフでさえ3000円以下で取り引きされている機種があるくらいです。安価なカメラをプロの修理業者に依頼して、2万円もかけてオーバーホールする価値が本当にあるでしょうか？

――ただし、この状態は商品の持つ本来的な価値に比較して、現在の市場価格が異様に低いということを意味するのであって、修理する価値がないということではありません。自分が永年使って来たカメラには当然愛着もあるでしょう。伝統的な手工業を保護育成するためにも、そういう「大切」なカメラはぜひ修理やオーバーホールに出して、末永く使ってやってください。価値はあなたの心が決めるものです。

では、あまり大切でなく、市場価値が低く、しかも不具合があるカメラはどうしましょう？ 捨てますか？ いえいえ、そういうカメラこそ分解して遊ぶのです。ジャンクカメラは最高の立体パズルなのです。捨てるなんてもったいないことをしてはいけません。

それに、壊れたカメラを運良く自力で動くようにできると非常に嬉しいものです。特に最初のうちは、ジャンク・ジャンキーにでもなりそうなほどの多幸感に浸れます。金銭的なメリットよりも、この多幸感がクセになります。

ところが、時間が経つとそういう純粋な喜びから、「これで一儲けできないか？」などという邪念が生まれるようになります。故障品を安く仕入れて、自分で手を入れて不具合を糊塗した機体を、

「正常動作品」と偽ってオークションに出品

するようになったら、人間もうおしまいです。それは明らかなサギですし、見る人が見ればすぐにバレます。素人が分解痕を残さずに分解するのは至難の業なので、ウソを付いてもちょっと目の肥えた落札者にはすぐにわかります。目先の欲に目が眩んでトラブルを招くのは愚の骨頂です。もっとも、部品取り用などにそうしたカメラを欲しがる人もいますから、正直に分解歴があることを明記して、ジャンク扱いとして出品するのならば問題はないでしょう。

1-2 ジャンクカメラの機種選び

**本書で扱うカメラは8機種。
分解の入門として適当と思われるものを選んだ。
まずは焦らずにこれらの機種で経験値を上げるべし。**

カメラの種類

最初に、一眼レフカメラの種類について簡単におさらいをしておきましょう。

カメラには大きく分けて「フルメカニカル機」と「AE機」の2種類があります。フルメカニカル機とは、露出計以外は電池なしで動作する完全機械式のカメラです。これに対して、AE機とは、電子回路で露出制御やシャッター制御を行うカメラのことで、原則的に電池なしでは動作しません。AFカメラも、もちろんAE機です。

最初はすべてのカメラがフルメカニカル式でした。しかも、露出計も内蔵されていない、完全に電池不要のカメラが大多数でした。このため、カメラ内部には電気配線はほとんどなく（シンクロ用配線はあった)、分解の際に配線に悩まされることもありませんでした。その後、露出計が内蔵されるようになり、絞り込み測光、開放測光と進化するに従って、フルメカニカル機の中にも配線が増えて来ました。それでも、回路的には感度調整だけの単純なものでした。

しかし、1970年ころを境にAEカメラが実用化され始め、遂にはほとんどの一眼レフがAE機となりました。AE機の回路はフルメカニカル機の露出計回路とは異なり、露出の演算を行い、シャッター速度を制御するという、かなり高度なものです。当然、内部の配線も複雑化し、分解ファン泣かせのフレキシブル基板（フレキ）が多用されるようになりました。

まずは本書の機種から

本書を手にされた方は、ご自分が持っている機種を分解したいと考えているでしょう。その機種が本書で扱っているものならば問題ありませんが、そうでない場合はちょっと考えてみてください。カメラは機種ごとに構造がかなり異なっています。確かに、メーカーごと、シリーズごとに内部構造は似通っていますが、完全に同じではありません。素人が分解する場合、その僅かな違いが致命傷につながることも少なくないのです。試行錯誤でも分解はできるかもしれませんが、元に戻すのは極めて困難です。

本書で扱っていない機種はとりあえず段ボール箱にしまっておいて、まずは本書で扱っている機種で経験を積んでください。この「経験」というのが非常に重要です。焦ったりケチったりせず、手順のわかっているものから始めてスキルを蓄積しましょう。何台かこなしていくうちに、自然と他機種の分解のコツも掴めてくるものです。そのカンやコツが身に付くまでは、未知の機種に手を出すべきではないでしょう。そのため、本書では価格的にも流通量の点でも入手が比較的楽な機種を選んで説明しています。

本書では主に分解の練習を行いますので、基本的に構造が単純で分解がやさしいものを選んでいます。ただし、実用性が低かったり、入手が困難でも困りますので、フルメカニカル機を中心に、難易度の低いものから取り上げているつもりです。また、分解の程度は機種ごとに異なります。シャッター幕の交換までしているものもあれば、ペンタプリズムの取り出しのみにとどめているものもあります。これは、それぞれの機種特有の不具合に対処することを主眼に置いているためです。

では、本書で扱っている各機種の特徴を簡単に見ておきましょう。

■COSINA CT-1Super

とにかく、分解がやさしいという理由から選びました。非常に分解しやすい構造になっているため、分解の入門には最適の機種だと思います。また、Kマウントのスナップ機として実用性の高い機種なので、ジャンクカメラ・ファンなら是非一台持っておきたいカメラです。なお、CT-1シリーズにはさまざまな種類がありますが、基本構造は共通です。より分解のやさしいCT-1Gや、CT-1Superとほとんど同じ構造のCT-1EX、あるいはリコーやVivitarから出ているOEM機でも良いでしょう。なお、CT-1シリーズは廉価機ですが、程度が良いものはそこそこの値段です。工事現場で酷使されたようなものを探してください。

■Pentax SV

Pentax SVは、本書で扱うカメラの中では最も古いものです。古いカメラの良いところは、修理を前提に設計されているため、きちんと手順を踏めば素直に分解できる点です。最近のAFカメラのように、故障箇所をユニットごと交換してしまう機種は、素人では手が出せません。SVの分解は難しくはありませんが、手順が多く、分解の勉強には最適だと言われています。この機種にはぜひ挑戦してみてください。なお、現存しているSVにはシャッター系が故障してまったく不動のものも多いのですが、ほとんどはシャッター幕の張り替えだけで直ります。また、そうした不動品ならば1,000～2,000円で入手可能です。

■OLYMPUS OM-1 & OM10

OM-1も分解が比較的楽な機種です。しかも、プリズム腐蝕と言う特有の不具合を抱えているため、トップカバーを開けて修理したいと考えているユーザーがたくさんいることでしょう。本書では、OM-1のプリズムを取り出して補修する方法や、OM10のプリズムと乗せ替える方法を中心に説明しています。OM-1は元来が中級機で、中古市場での人気も高いので、そんなに安くは入手できません。しかし、プリズムの乗せ替えだけならばそれほど大きなリスクはありませんから、ちょっと冒険してみても良いかと思います。

■RICOH XR500

XR500の特長は、とにかく価格が安く、市場に出回っている数が多いことです。安いものなら大手カメラ店のジャンクワゴンで1,000円ほどで入手可能です。価格が安い割には内部の構造は凝っていて、分解はかなり面倒な部類に入るでしょう。同じ廉価機のCOSINA CT-1シリーズが非常にすっきりとユニット化されているのに比べ、XR500は分解にも組み立てにも細かい注意が必要になります。ビギナーには多少荷が重いかもしれませんが、ダメでも1,000円、という割り切りができるのが良いところです。

■Canon AE-1P

この機種以降はAE機になります。Canon AE-1Pは大ヒットしたAE-1の後継機種で、操作性の点ではAE-1よりも遥かに優れている実用性の高い機種です。価格も比較的高めです。しかし、Aシリーズ特有の「シャッター鳴き」があるため、程度の悪い機体ならば5,000円以下で買えるでしょう。修理の主眼はやはりシャッター鳴きということになりますが、そのためだけに分解するのは止めたほうが良いでしょう。シャッター鳴きだけならば、簡単に直す裏技があるからです。分解自体は決して楽な部類ではありません。

■Nikon EM

ニコンのカメラは総じて価格が高く、しかも構造が凝っているため、分解の練習にはあまり適していません。価格と実用性のバランスを考えるとEMがギリギリの線でしょう。EMには露出計不良、高速シャッター不良、光線漏れなどの固有の不具合がありますが、光線漏れ以外は素人には荷が重いでしょう。露出計不良のほうは多少いじれますが、高速シャッター不良にはきちんとした修理が必要になります。EMの分解は参考程度に考えておいてください。

■Minolta X-7

Minolta X-7はMDマウントの入門機ですが、プリズム腐蝕と言う致命的な問題を抱えています。プリズム腐蝕はOM-1が有名ですが、X-7の場合はOM-1よりも遥かに深刻です。実用レベルまで修理するためには業者に再蒸着を依頼するしかないでしょう。それを素人の工夫でどこまで直せるか、というのが本書でのテーマです。電気的な故障は比較的少ない部類ですが、このプリズム腐蝕があるために、人気の低い機種だと言えるでしょう。腐蝕が酷い機体なら1,000円前後からあります。

■Canon EOS 1000

この機種は番外編だと思ってください。EOS 1000はAFカメラですから、本来なら素人が手を出すべきシロモノではありません。しかし、シャッター羽根にダンパ（緩衝材）が溶けて付着し、シャッターが故障するという初期EOS共通の超有名な欠陥があり、これに悩まされているユーザーが非常に多いので、あえて取り上げることにしました。このシャッター故障のためにジャンクワゴン行きになったEOS 1000も非常に多く、安価で比較的簡単に入手できます。ただし、分解はできても元に戻せなくなる可能性が高い機種です。覚悟を決めて取りかかってください。

ジャンクカメラの入手方法

さて、こうしたカメラは、**どこで、どんな程度のものを、いくらくらいで**入手すれば良いのでしょうか？ まず、分解して遊ぶのですから、高いお金を出して完動品を買うのはナンセンスです。そのまま問題なく使用できるカメラをわざわざイケニエにすることはありません。かと言って、どうしようもないほど壊れている機種も困ります。そこを見極める目が必要になります。

■ジャンクワゴン

近くに大手の中古カメラ店がある場合は、店頭のジャンクワゴンを漁ってみることをお勧めします。店頭で実際に手に取ってみると、そのカメラがなぜジャンクワゴンに入っているのか、だいたい見極めがつきます。本書で説明している各機種固有の不具合が顕著に出ているようならば、それがジャンクの理由だと考えられます。たとえば、EOS 1000のシャッター羽根にべっとり油汚れが着いていた場合、シャッター以外は正常である可能性が高いでしょう。また、X-7のファインダーが腐蝕でほとんど見えなくなっているような場合も、プリズム以外は生きている可能性があります。これらの機体は「買い」です。こうした買い物の値段の目安は2,000円くらいでしょうか。

なお、店頭で確認できるお店でも、アンティークショップや露店ではリスクが高くなります。カメラ専門店以外のお店では、掘り出し物が見つかることもありますが、とんでもないものを掴まされる可能性もあります。しかも、ジャンクと書かれていれば後から文句も言えません。分解教材の入手先としては、あまりお勧めできません。

■インターネットオークション

それ以上に玉石混淆なのが、インターネットオークションです。リスクと言う点では露店よりもさらに高いでしょう。その反面、ジャンク品の価格はかなり安いので、同じ機種を

3回落札して1回使い物になればいいや

くらいの気持ちを持つことが肝要です。オークションの「ジャンク」は本当に落差が激しく、単に出品者に知識がないだけの正常動作品から、中身をごっそり抜かれているような詐欺に近いようなものまであります。出品者の評価や知識の度合、説明文の書き方、他の出品物などを参考にしながら、出品者の人物像を思い浮かべて入札することが重要です。筆者の経験から言うと、悪い評価の多い出品者はもちろん、

□出品物の説明の内容が貧弱な出品者
□居丈高に自分の都合を押し付けてくる出品者
□出品地や送料を明かさない出品者

は要注意です。これらは他人に対する配慮が欠けている人達とみなして良いでしょう。たとえ出品物に問題がなくても、取り引きの過程でトラブルになる可能性があります。目先の安さに惑わされず、相手を見極めてから入札してください。

オークションは人格勝負！

なのです。もちろん、入札の前に相場をよ～く調べておくことも重要です。ちなみに、本書で扱っている機種をオークションで入手する場合、上限は5,000円程度と思ってください。OM-1、AE-1P、EM以外は1,000～2,000円が狙い目です。なお、別途送料や振込料などがかかることも忘れずに。

コラム

測光系の進歩

カメラの進歩にはさまざまな段階がありますが、1970年代までの進歩の主眼は測光系にあったように思います。いちばんわかりやすいペンタックスを例に取ってみましょう。

1962年に発売されたPentax SVは、カメラ内部に測光系を持たないカメラでした。露出を決定するには単体露出計を使用しました。そして、露出計から得られた絞り値とシャッター速度を手作業でカメラに設定する必要がありました。これでは手間が掛かり、設定中に雲が掛かって被写体の明るさが変わってしまうこともあります。そもそも、スポットメーターでも使わない限り、本当に被写体の明るさを測っているのかどうか、ハナハダ疑問なところがあります。

Pentax SVと単体露出計

そのため、SVには被せ式の専用メーターが用意されていました。これは単体露出計をボディのペンタカバー部に取り付け、シャッターダイヤル（速度ダイヤル）と連動させることで、操作性の向上を図ったものです。また、メーターとボディを初めから1つにまとめたCanon FXのようなカメラもありました。これらは単体露出計より便利にはなりましたが、露出決定の際にファインダーから目を離さなければならない、レンズを通る光と露出計に入る光が別のものである、という問題は残されました。

Pentax SVと専用露出計（ペンタックス・メーター）

「レンズを通った光を計測する」――それがこの時期のカメラの一大テーマだったようです。それは、カラーリバーサル・フィルムが一般化したことと無関係ではないでしょう。リバーサル・フィルム（ポジフィルム）は露出のラチチュード（許容範囲）が狭く、わずかな露出の狂いでも結果に大きく影響します。現在のカラーネガのラチチュードは±2段くらいだと言われていますが、リバーサルのラチチュードは±1/3段くらいしかありません。だからこそ、ポジでは微妙な明暗の表現が可能なのです。

ポジ向けの精度の高い測光を実現するには、やはりフィルムに当たる光そのものを測らなくてはならない、少なくとも、フィルムに当たる光と同じようにレンズを通ってきた光を測らなくてはならない、というのがTTL測光（through the lens）の基本的な考え方です。後年、本当にフィルムに当たった光を計測する方式（ダイレクト測光）がOLYMPUS OM-2で実現しますが、最初はレンズを通ってミラーで反射され、ファインダーに入ってきた光を計測する方式が採用されました。ペンタックスではSPがTTL測光を最初に採用しました。こ

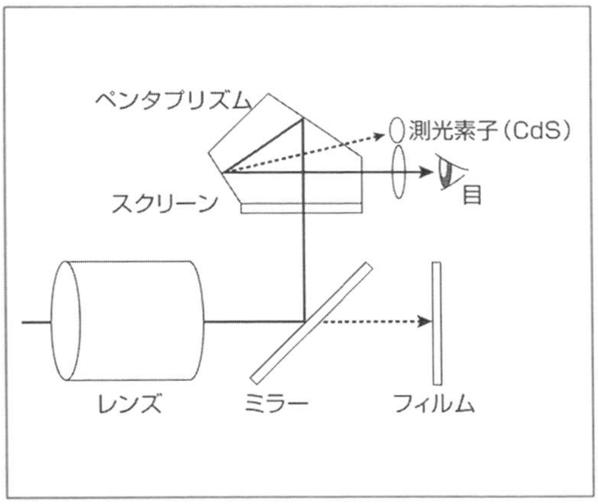

TTL測光

の方式では露出計の指針をファインダー内に入れることが可能なため、露出決定の際にファインダーから目を離す必要がなくなりました。

ところが、この方式にも問題があります。それは、測光の際に絞りを絞り込む必要がある点です。レンズの絞りは普段は開放状態になっていて、撮影の瞬間だけ絞り込まれます。必要なのはこの瞬間の露出値で、開放状態の明るさを測ってもしかたありません。このため、SPでは測光の度に絞り込みスイッチを押す必要がありました。このように、手作業で絞りを絞る測光方式を「TTL絞り込み測光」と呼びます。TTL絞り込み測光は精度が高いものの、操作上の煩わしさが課題として残りました。

そこで、Pentax ESでは、開放状態でも測光できる「TTL開放測光」という仕組みを採用しました。TTL開放測光のシステムでは、レンズからボディに絞り情報を伝達します。たとえば、開放F値が2のレンズをF4まで絞って使う場合、撮影の瞬間には開放状態よりも2段暗くなります。この「2段暗くなる」という情報を、レンズのマウント部に新設したレバーで伝達し、それを受け取ったボディが露出計を2段分補正して露出を決定するのです。この方式によって、正確で、ファインダーが常に明るく、目を離さなくて済む測光が実現したのです。

絞り込み測光用のレンズと開放測光用のレンズ

Pentax SPの絞り込みスイッチ

1-3 カメラ分解用工具

**カメラを分解するには専用の工具が必要だ。
だが、専用工具に惑わされてはダメ。
ありふれた工具のほうが重要なこともある。**

必要な工具

カメラを分解するには専用工具が必要ですが、専用工具を過大評価してはいけません。最近では高価なカメラ工具セットも市販されるようになりましたが、それさえあればどんなカメラでも分解できるというものではありません。市販のカメラ工具セットだけでは全く分解できない機種もありますし、逆に専用工具なしでも分解できるカメラもあります。少なくとも本書で扱っている機種の場合、ドライバなどの一般的な工具と、

小型のカニ目レンチ1本

だけで分解できてしまいます。もちろん、実際にはもう少しいろいろな工具を使っていますが、単に「できる／できない」で言うなら、間違いなくできます。高価な工具セットを買ったとしても、ほとんど使わずじまいになるかもしれません。また、本書では扱っていませんが、カメラメーカーが提供している専用工具がなければ分解できないカメラも数多くあります。要するに、工具はケースバイケースで用意すべきもので、市販の工具セットは必要なものでも十分なものでもないのです。

極端に言えば、カメラの分解は「部品を回す」ことに尽きます。ドライバもカニ目レンチもシャッターオープーナーもゴムアダプタも、要するに部品を回すための工具です。その回し方によってさまざまな種類の工具が必要ですが、要は回せば良いのです。たとえば、カニ目レンチの代わりにシャッターオープーナーやゴムアダプタが使えることもあります。最初から工具を数多く集めるよりも、必要なものを順々に揃えていくほうが賢明です。

ちなみに、本書で扱う範囲では、最低限次に挙げる工具があれば何とかなります。

**□ドライバ各種
□カニ目レンチ
□シャッターオープナー
□ピンセット
□半田ゴテ**

この中で、専用工具と呼べるのはシャッターオープナーとカニ目レンチですが、これらも市販のコンパスなどを加工すれば代用できます。あとは、機械好きの読者の方ならばすでに持っていることでしょう。

カメラの分解に本当に必要なのは、工具よりもスキル（技術）です。それも、ドライバ、ピンセット、半田ゴテといったありふれた工具の使い方の上手下手が、分解の失敗成功を左右してしまいます。古くて錆びたネジをネジ山をナメずにきれいに外す、細かいパーツを手際よくつまむ、電子パーツに熱ダメージを与えないように配線を取り外す――これらのことができなければ、いくら専用工具を揃えても無駄なことです。カッコイイ専用工具に目を奪われていてはいけません。形から入る誘惑は強いものですが、やはり何事も最後は

精進！ 精進！ 精進！

なのです。

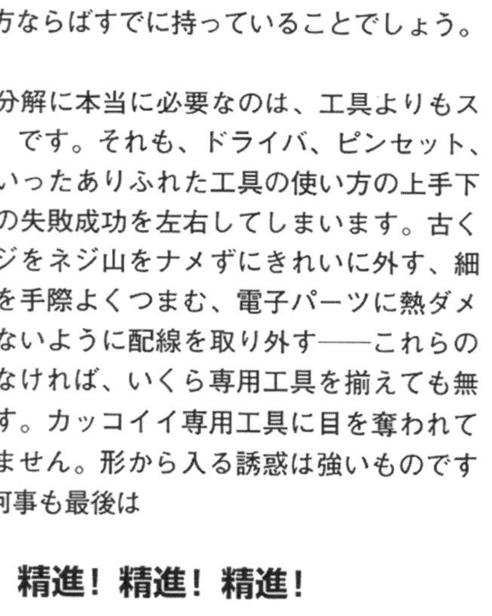

ドライバ、精密ドライバ

ドライバはごくありふれた工具なので軽く考えられがちですが、実は非常に重要な工具です。一般に、古いカメラのネジは小さくて固いものが多いものです。こうしたネジを一般の精密ドライバで外そうとすると、力が入らなくて回らないか、ネジ山を舐めて（潰して）しまって分解不可能になります。カメラ分解にはそれに適したドライバを選ばなくてはなりません。

ドライバの選びの最初のポイントは軸の太さです。固いネジを外すためには、軸はできるだけ太いものが良いのです。そのため、カメラ分解専用に太軸の精密ドライバも売られています。しかし、これはかなり高価なので（数千円）、むしろ先細の通常ドライバを使うことをお薦めします（数百円）。プラスドライバならば0番と00番があれば良いでしょう。もちろん通常のドライバでは、人差し指で軸のお尻を押えて親指と中指でクリクリっとする精密ドライバ特有の使い方はできません。しかし、ネジの固さが問題になるのは最初のひと回しだけですので、ゆるんだら普通の精密ドライバを使えば良いのです。

2番目のポイントは先端のサイズです。ネジ山のサイズとドライバの先端のサイズが合っていないと、ネジ山を舐めてしまいます。これはカメラ分解の際に、最も気を付けなければならないことの1つです。「小は大を兼ねる」と勘違いしている方も多いと思いますが、ドライバの先端は大きすぎても小さすぎてもネジ山を潰します。必ず、サイズの合ったドライバを使用してください。

ちなみに、本書で扱っている1970～1980年代のカメラでは、0番のプラスネジが最も良く使われ、00番のプラスネジも若干使われています。また、一番古いPentax SVは基本的にマイナスネジで、一般の精密ドライバでは外せないほど小さなネジが使われている箇所もあります。この場合は「超精密ドライバ」を使ってください。

3番目のポイントは、マグネット付きのドライバを使うことです。細かい部品を扱うカメラの分解・組み立てでは、帯磁したドライバのほうが圧倒的に便利です。しかし、時計などでは磁気厳禁なので、帯磁した精密ドライバはあまり売っていないようです。また、帯磁したドライバも年月が経つと磁力が弱くなります。そんな場合は、ドライバに磁気を帯びさせる「着磁機」を使うと便利です。磁力の強さを変えたり、磁気を取り去ることもできます。

最後に、ドライバの使い方について一般的な注意をしておきます。ドライバでネジを外す際の基本は「押し付けて回す」ということです。これは、ネジ山を舐めないための絶対条件です。また、うまく外れなくてもムキにならないで、一息入れてアタマを冷やしてください。そして、反対に回すとか、錆取り用オイルをごく少量差してみるとか、少し試行錯誤してみましょう。カメラには時として逆ネジが使われていることもあります。ともかく、力任せは禁物です。外れるネジであれば、無茶な力を入れなくても必ず外れます。

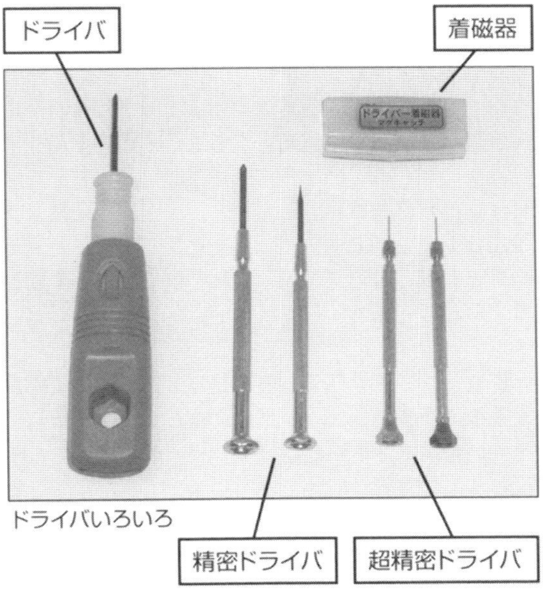
ドライバ
着磁器
精密ドライバ
超精密ドライバ
ドライバいろいろ

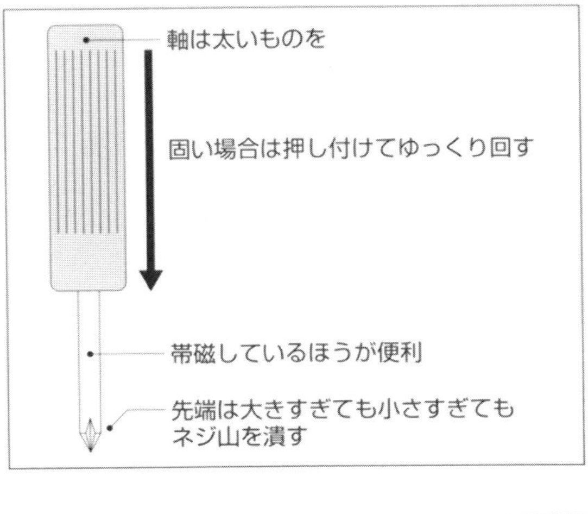
軸は太いものを
固い場合は押し付けてゆっくり回す
帯磁しているほうが便利
先端は大きすぎても小さすぎても
ネジ山を潰す

半田ゴテ

半田ゴテは、配線を外したり再度くっつけたりするのに使用します。AEカメラやAFカメラはもちろん、古いフルメカニカル機にも露出計やホットシューの配線があります。こうした配線をブラブラさせたまま分解を行うのは不便で危険なので、分解前にハンダを外しておきましょう。もちろん、配線はメモしておくかデジカメで撮影しておき、元に戻せるようにしておかなくてはいけません。

半田ゴテにもいろいろな種類のものがありますが、カメラの分解では電子工作用の30W以下の先細のものを使用してください。最近はコードレスの半田ゴテもあります。多少高価ですが、こちらのほうが取り回しは便利です。ただし、電池寿命は意外に短いので必ず予備電池を用意しておいてください。

なお、半田ゴテは初心者には特に使い方の難しい工具なので、使用上の注意点を挙げておきましょう。半田ゴテを使う際、最もよく陥るトラブルはコテ先の過熱です。コテ先は熱くなっているのに半田が溶けないので、長い間半田ゴテを基板に当てていたら電子部品が熱で壊れてしまった……というのは、電子工作をする初心者が一度はたどる道です。カメラもしかりで、このコテ先の過熱というのが一番厄介です。

原因ははっきりしています。コテ先に酸化皮膜ができて熱がうまく伝わらなくなるのです。もし、コテ先の先端では半田が溶けないのに横の部分ならば溶ける、あるいは半田が玉状になって転がってしまいうまく溶けない、というような場合は、間違いなく過熱と酸化が原因です。こうしたことにならないように、普段からコテを手入れしておくのが重要です。

コテ先が酸化してしまった場合は、まず酸化皮膜を取ります。酸化皮膜を取るには、ヤスリなどで先端を磨いても良いですし、熱いまま濡れスポンジで拭いても良いでしょう。そして、コテ先がきれいになった状態でヤニ入り半田を少量溶かして、コテ先を覆うようにします。こうすることで半田が空気を遮断し、酸化を防ぐことができます。これを「予備半田」とか「半田メッキ」と言います。

メモ

パーツやリード線にあらかじめ半田を付けておくことも「予備半田」や「半田メッキ」と呼びます。

なお、フレキをボディから剥がすような作業では、半田クリーナー（半田吸い取り器）があると便利です。

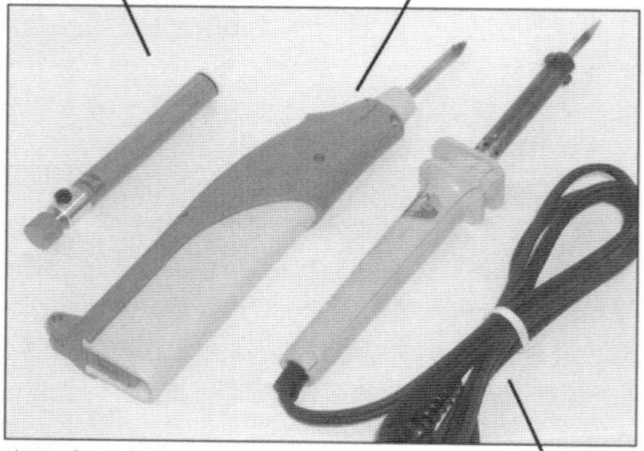

半田ゴテ、半田クリーナー

カニ目レンチ、シャッターオープーナー、ゴムアダプタ

■カニ目レンチ

カニ目レンチは、カメラ工具の代名詞とも言えるものです。スリワリドライバとか、レンズオープナーとか、スパナレンチなどとも呼ばれます。基本的にドライバを2本平行に並べて、間を金属棒で固定したような構造をしています。円周上に刻まれたミゾ（カニ目）に先端を合わせて回転させ、リングや円板を外すために使われる工具です。ボディだけでなく、レンズの分解にもよく使用されます。

カニ目レンチにはさまざまな種類があり、口径を調節する構造、対応している直径、先端の形状と強度、足の長さ、力の入れやすさなどが異なります。最近では国内でも比較的簡単に入手できるようになりましたが、以前は国内での入手は困難だったため、金属製コンパスの先端を加工して使う人もいました。

■シャッターオープナー

シャッターオープナーは、円板上に開けられた2つの穴に先端を入れて、回転させて円板を取り外す工具です。基本的にはカニ目レンチと同じような用途のものですが、カニ目（切れ込み）ではなく、小さな穴に入れて回す点が異なります。シャッター軸（速度ダイヤル）の分解によく使用されるため、シャッターオープナーと呼ばれます。シャッターオープナーにもさまざまなタイプがありますが、先端が円錐状の小型のカニ目レンチや先細プライヤなどでも代用できます。コンパス型のものが比較的扱いやすいでしょう。「ジャンクコンパス」という名称で売られていることもあります。

■ゴムアダプタ

ゴムアダプタは円柱状のゴムの塊で、レンズの化粧板などを外すときに必須の工具です。中央部がくり貫かれた中空タイプと、中央部にもゴムが詰まっている円盤型があります。また、サイズも大小さまざまで、たいてい数個で1セットになっています。円盤型のほうが力は入れやすいですが、中空タイプでないとレンズをこすることがあります。なお、サイズが小さいものは、シャッター軸の分解にも使えます。シャッターオープナーやカニ目レンチは傷（分解痕）を付けることが多いので、できるだけゴムアダプタを使うほうが良いでしょう。

メモ

カニ目レンチ

ここで紹介している工具は、正確に言えば「カニ目レンチ」ではありません。本来、カニ目レンチとは、文字どおりカニの目のようにY字型をしたレンチのことです。したがって、円周上に切ってあるミゾや穴を「カニ目」と呼ぶのも適切ではありません（全然カニの目に見えないため）。しかし、このギョーカイではこの名称が定着しているようなので、本書でもそれに従っています。

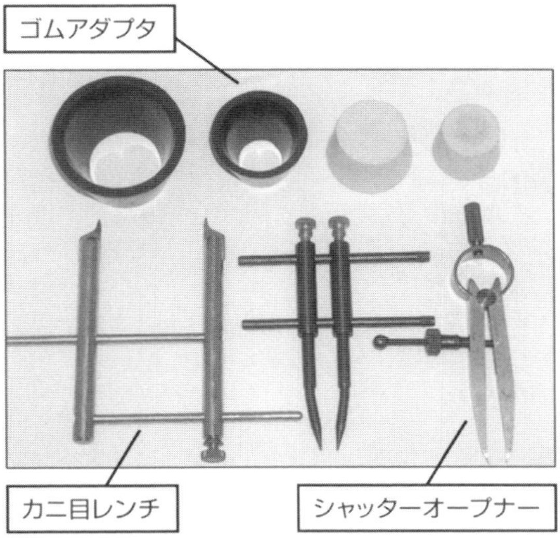

ピンセット、千枚通し

■ピンセット

ピンセットもありふれた工具ですが、これまた奥の深いものです。精度や強度が重要なので、100円ショップなどで買うのはやめたほうが良いと思います。逆に「カメラ専用」とか「最高級品」などと銘打った高価なものもありますが、とりあえずは普通のもので良いでしょう。先端が細く尖っていて、狂いなくつかむことができ、きちんと焼きが入ったものを選んでください。

ピンセットの基本用途は、細かな部品をつまむことです。これが実は結構大変で、バネやボールベアリングを下手につまむと、落としたり飛ばしたりしてなくす可能性が非常に高くなります。また、ピンセットはモルトをはがしたり、シャッターオープナーの代わりにしたり、配線をさばいたり、柔らかなものに印を付けたりと、さまざまな用途に使われます。訓練して指先の延長のように自由に扱えるようにしてください。

■千枚通し

千枚通しは、配線をさばいたり、カニ目の付いたプレートを回すときに使います。特段必要なものではありませんが、あればそれなりに便利です。特に、カニ目のついたプレートやリングは、最初にカニ目レンチなどでゆるめたあと、千枚通しの先端を片方のカニ目に入れてくるくる回してやると手早く外せます。

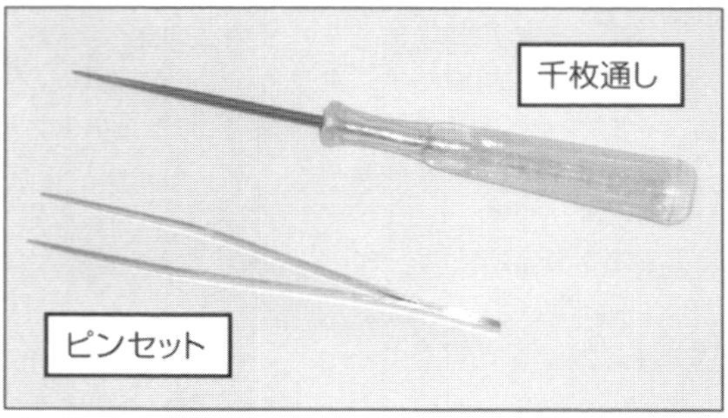

ピンセットと千枚通し

先細プライヤ、スナップリングプライヤ、ハンドプライヤ、ソフトタッチプライヤ

■先細プライヤ

先細プライヤは物を挟むためのものではなく、Cリングを外したり、シャッターオープナーの代わりに使ったりします。本書ではCリングはあまり出てきませんが、カメラ全体で見れば比較的よく使われているパーツなので、Cリングを外せる工具は持っていたほうが良いでしょう。

■スナップリングプライヤ

Cリング（スナップリング）を外す専用工具です。握ると先端が開くタイプと、先端が閉まるタイプの2種類がありますが、カメラのCリングには開くタイプのものを使います。また、1台で両方の機能を持ったものもあります。ほとんどの場合、Cリングは先細プライヤやマイナスの精密ドライバで外せますが、どうしてもスナップリングプライヤが必要な場合もあります（Nikon EMなど）。使用する機会は多くありませんが、できれば揃えておいてください。

■ハンドプライヤ

ハンドプライヤはプレートやノブをつかんで回すための工具です。ライカなどのレンジファインダー機を分解するときには必須の工具ですが、一眼レフではあまり使いません。ハンドプライヤはサイズが非常にシビアな工具で、回すものの直径とプライヤの穴の直径が正確に一致しないと使えません。そのため、1台のレンジファインダー機を分解するのに何種類ものハンドプライヤが必要になります。しかも、1本1本がかなり高価なため、揃えるのは大変です。なお、インターネットオークションで格安のハンドプライヤを出品している業者もいますので、購入する場合はチェックしておくと良いでしょう。

■ソフトタッチプライヤ

ソフトプライヤはプライヤの先端を樹脂で覆ったものです。やはり、回転部分を挟んで回すときに使用します。先端が覆われているため、挟んだものを傷つけないのが特徴です。また、レンズのフィルター枠をぶつけて変形させてしまったときにも使われます。

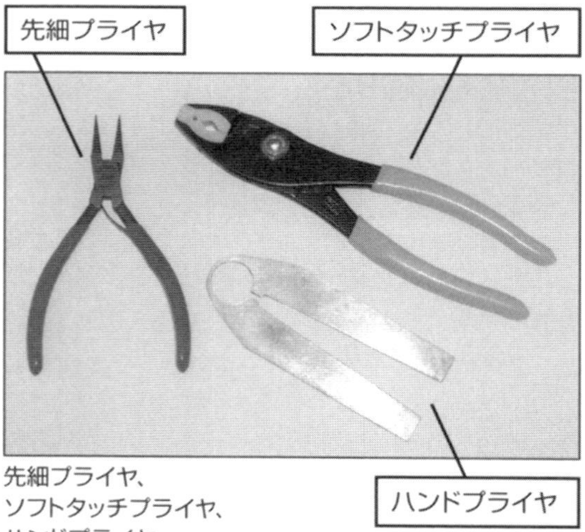

先細プライヤ、
ソフトタッチプライヤ、
ハンドプライヤ

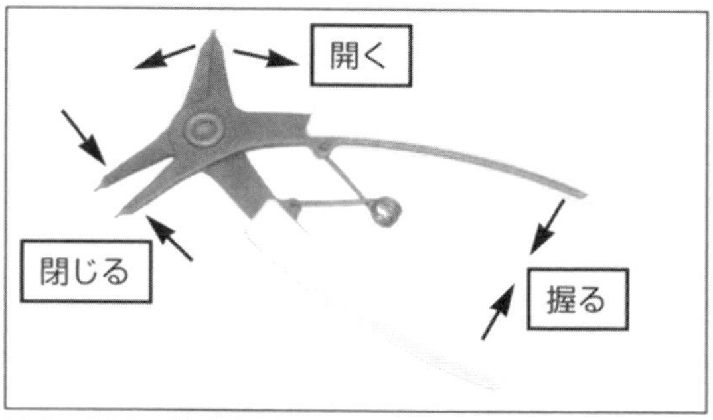

スナップリングプライヤ

マット、パーツ入れ、クリーニング用品

■マット

作業するときに机の上に敷きます。マットを敷いておけば机を傷つけないで済みますし、部品が転がることも防げます。柔らかなものならば何でも良いのですが、大きめのシリコンクロスが安価で手頃でしょう。シリコンクロスは、カメラ店でさまざまな大きさのものが売られています（数百円程度）。

■パーツ入れ・部品皿

分解したパーツを一時的に保管しておくためのケースです。普通のDIYショップや文具店などでも扱ってます。ピルケースや小皿などを利用しても良いでしょう。取り外したパーツはカメラの部位ごとに分けて保管するので、10くらいに仕切られていると便利です。また、フタを閉めることができるケースのほうが安全です。

■クリーニング用品

アルコール、クリーニングペーパー、綿棒、爪楊枝、ブロアなどは常備しておいてください。なお、汚れの種類ごとにクリーニング方法は異なります。モルトのカスはアルコールで、一般汚れは中性洗剤で、油汚れはベンジンで、というように、適切なクリーナーを選んでください。なお、カビにはカビキラー……はいけません。カビ取り剤は強力すぎてコーティングを傷める可能性があるからです。レンズやガラス部分には必ずレンズ用クリーニング液を使ってください。

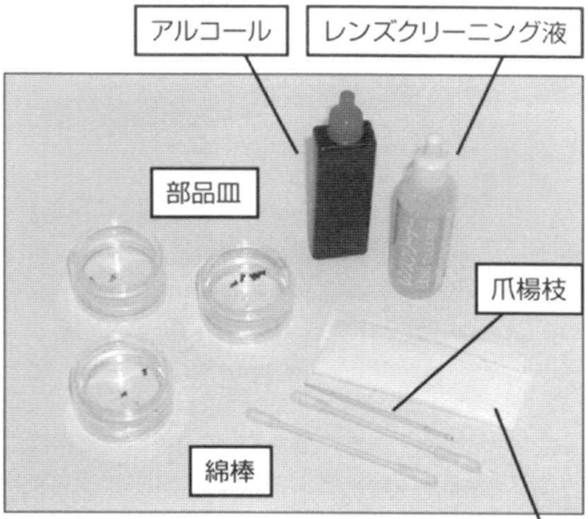

パーツ入れ、
クリーニング用品

補修用の材料

■モルトプレーン、植毛紙

ボディ内部には「モルトプレーン」（モルトあるいはモールとも言う）という黒いスポンジのような遮光材がよく使われていますが、古くなってボロボロになると、光線漏れを起こしたり、カスが付着してスクリーンを汚すという弊害が出ます。モルトプレーンはアルコールに溶けるので、アルコールで清掃してください。古いモルトを取ったあとには、新しいモルトを貼っておきましょう。モルトプレーンは大手カメラ店などで入手できます。

植毛紙も遮光用や内面反射の防止に使用されます。コンパクトカメラのレンズ室の下部などによく貼られていました。モルトよりも高価ですが、経年変化には強いようです。ただ、最近では使われることが少なくなったせいか、入手がやや困難になっています。インターネット通販やインターネットオークションでは扱っている業者がいます。

■シャッター幕

シャッター幕の張り替えはやや高度な作業ですが、これができれば生き返るオールドカメラは数多くあります。本書ではPentax SVのシャッター幕の張り替え方法について説明しているので、詳しくはそちらを参考にしてください。なお、シャッター幕は大手カメラ店やインターネット通販などで入手できます。

■エナメル

外装のレタッチにはツヤありの黒エナメルを、内面反射の防止にはツヤなしの黒エナメルを使います。ちょっと高価ですが、あると便利です。シャッター幕を自作する場合、ツヤなしエナメルは必需品です。

なお、カメラ専用のエナメルはかなり高価ですが、プラ模型用のエナメルならば安価で入手も簡単です。もちろん、専用品のほうが反射も少なく耐久性も高いでしょうが、最初は安価なもので十分です。

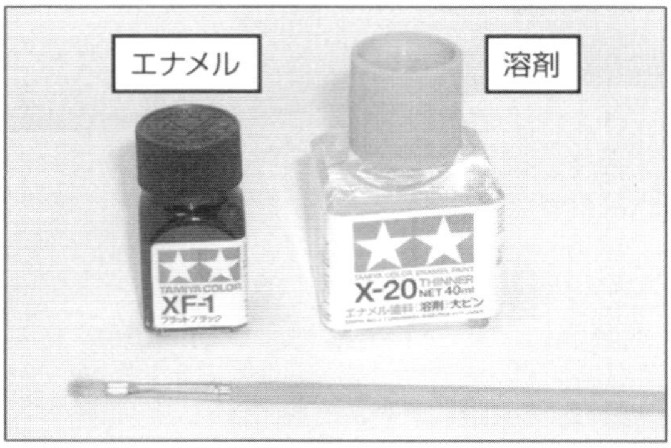

■オイル、シリンジ、グリス

カメラでは素人注油は厳禁ですが、オイルを全く使わないというわけにはいきません。オイルを使うときは、精密機械用のやや高級なものを選んでください。カメラの注油は、

必要な箇所だけにごく少量差す

のが原則なので、スプレー式オイルは避けたほうが良いでしょう。また、オイルはそのまま差すと粘って故障の原因になることがあるので、シリンジ（注射器）を使って5%希釈してから使うのがセオリーのようです。しかし、筆者は分解専門なのでわりとアバウトに使っています。

グリスはオイルよりもさらに厄介です。カメラ・レンズ用のグリスは非常に高価ですが（小瓶1つが数千円！）、それなりの理由があるのです。単純に潤滑できれば良いのではなく、適度なトルクを持ち、経年変化にも強く、かつガスを発生させないものでなくてはなりません。安物のグリスからはガスが出て、レンズの曇りの原因になることがあります。ただし、分解ファンの間では「グリスがなければオロナインを使え」と言われているくらいですから、遊びに使うのであればそれほど神経質になることはないでしょう。オロナインからガスが出るかどうかは、筆者は知りません。

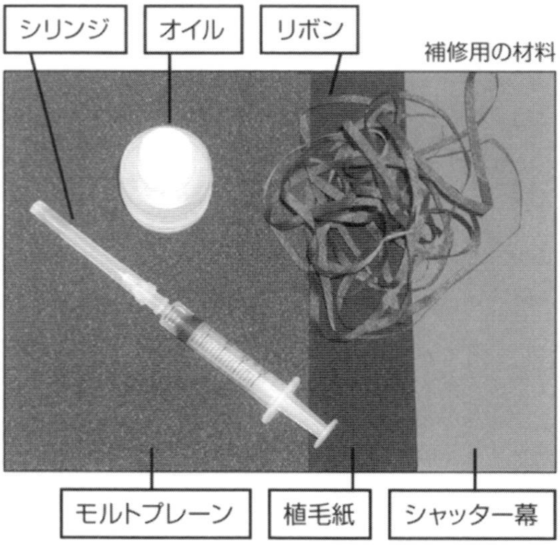

補修用の材料

コラム

モルト交換

モルトプレーンは遮光材や緩衝材として、カメラには非常に良く使われています。裏蓋の遮光やミラーの緩衝材など、外から見える部分だけでなく、ペンタプリズムの押さえなどにも使用されています。このように使用頻度の高いモルトですが、実は経年変化に意外に弱く、ボロボロになったり、加水分解によってベトベトになったりします。

外から見える場所に貼ってあるモルトが劣化した場合は、カッターやピンセット、千枚通しなどでそぎ落としたあと、アルコールできれいに拭き取り、新しいモルトを貼り付けます。こうしないと、光線漏れが起きたり、ミラーが破損したりする可能性があります。モルトの劣化により光線漏れがよく起きる機種としては、Nikon EMが有名です。

モルト交換は修理の基本中の基本で、これがちゃんとできないと一人前の修理職人にはなれません。しかし、本書はあくまで分解の入門書なので、きちんとした解説は行いません。適当に取って、適当に貼って、光線漏れがなければ完成、くらいの考えで良いでしょう。

しかし、カメラ内部でベトベトになった場合はそんなにノンキなことは言っていられません。加水分解したモルトによって引き起こされる典型的な障害はOM-1やX-7のプリズム腐蝕です。これらに対処するには、カメラを分解してからモルトをきれいに取り去って、代わりに新しいモルト（または板ゴムや植毛紙）と取り替えるという作業が必要です。

工具の入手方法

以前は、カメラの専門工具は一般人ではなかなか入手できませんでした。しかし、ここ2、3年で大きく状況が変化し、今では大手のカメラ販売店に行けば、ほとんどの工具が入手可能です。以下に編集部で確認した工具の取扱店を挙げますが、これ以外にも扱っているお店はかなりあると思います。

カメラのキムラ新宿店
ビックカメラ池袋カメラ専門店館
フジヤカメラ中野ジャンク館
東急ハンズ池袋店

また、インターネット通販やオークションを利用して購入することもできます。欲しい工具名でインターネット検索をかけてみてください。なお、カメラの工具や修理資料販売に関しては、海外に一日の長があります。欲しい工具が見つからないときは、海外のカメラ工具ショップのサイトを覗いてみると良いでしょう。

サービスマニュアル・技術資料

基本的に、素人はカメラを分解しながらその仕組みを学ぶしかありません。しかし、カメラメーカーはプロの修理業者用に「サービスマニュアル」という構造解説書を提供しているので、これを入手すれば事前に構造をアタマに入れた上で分解にかかれる…と思うのですが、実際にはそううまくいきません。

サービスマニュアルはあくまでプロ向けの資料です。本書のように、具体的な分解手順を逐一説明するものではないため、一般人が見てもほとんど得るものはないと思います。それでも、ないよりはマシくらいの気持ちで揃えておくのは悪くありません。ある程度スキルが上がれば、それなりに読めるようになるでしょう。サービスマニュアルは、インターネットオークションや海外のインターネット通販で入手することができます。

また、世の中にはカメラの分解や修理を趣味としている人達がかなりいます。こうした人達の中には自分の成功例や失敗例をまとめてホームページ上で公開している方もいます。これら生の情報のほうが、サービスマニュアルよりも役に立つことが多いでしょう。

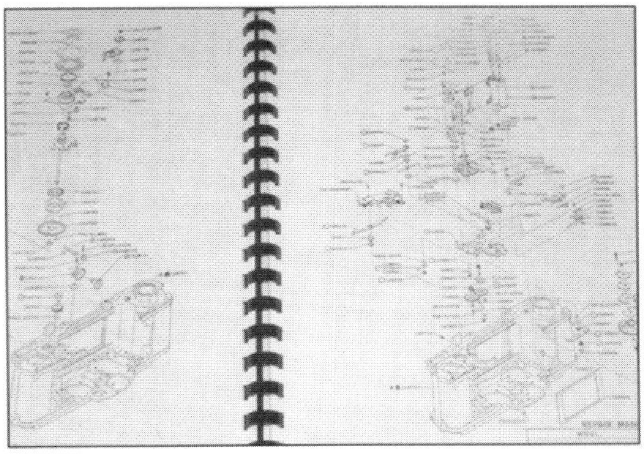

OM-1のサービスマニュアル

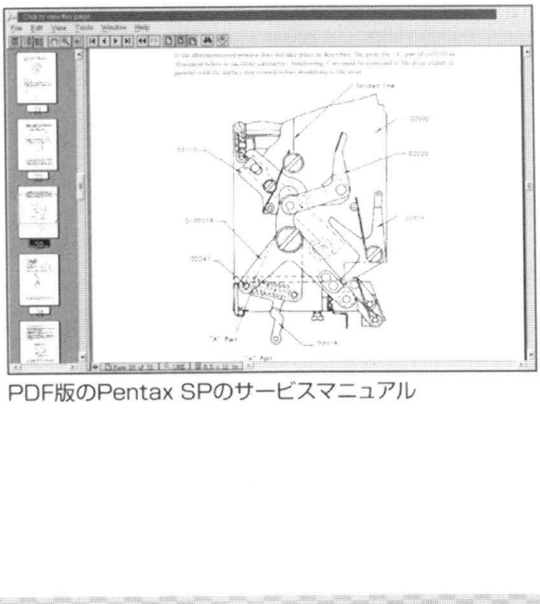

PDF版のPentax SPのサービスマニュアル

1-4 分解のポイント

**分解を始める前に、
頭に入れておかなくてはならないことがいくつかある。
それは、分解の際の作法・習慣とも言うべきものだ。**

記憶と試行錯誤

最初に、失敗例を挙げておきましょう。

——どうもカメラの調子が悪い。壊れているようだ。しかし、何となく直せそうな気がする。工具を持ち出して分解を始めた。ある程度は分解できたが、まだ故障箇所にたどりつかない。もう少し分解してみよう。もう少し…だいぶ眠くなってきた。でもあとちょっとだ、頑張ろう。お、だいぶ見えてきたぞ。そうか、ここが悪かったのか！ 原因はわかったぞ！でもこれ、元に戻せるんだろうか？ 何か大変そうだ。明日にしておこう…。一夜明けると「何がなんだかわからな～い！」。こうして押し入れの中で生涯を終えたカメラがどれほどいたことか…

■記憶ではなく記録に

人間の記憶は眠らないと定着しないと言われています。逆に言えば、定着しない記憶はその日のうちに消えてしまいます。そのため、分解した記憶がなくならいうちに組み立て直すのが、カメラ分解の鉄則と言われています。つまり、

寝たら死ぬぞ！

ということです。しかし、少し複雑な分解／組立になると1日では終わりません。そのような場合には、ステップごとに作業をブツ切りにして、記録を取っておくことをお勧めします。また、1日の作業時間もあまり長く取ってはいけません。人間の記憶容量は意外にたくさんある（ような気がする）ので、1日中分解に掛かりきりになれば相当進めますが、それでは最初の失敗例のようになります。筆者は分解作業そのものは、

1回2時間まで、1日2回まで

を原則にしています。あとの時間は、その日の作業レポート作りに使います。このとき、分解のプロセスをデジカメやメモにきちんと残しておくことが重要です。「記憶」ではなく「記録」にしておけば、何日経っても消えはしません。ただし、これは独力の試行錯誤で分解するときの話で、あらかじめ分解方法がわかっている場合や、本書のような分解マニュアルがある場合には、その限りではありません。

■繰り返し、繰り返し、繰り返す

「記録」と並んで重要なのは「反復」です。「反復」するためには、分解作業を中断するときに、元の状態に戻す癖を付けると良いでしょう。たとえば、午前中に2時間分解したら、分解前の状態に戻してから昼食にして、午後からはもう一度最初から分解しなおします。寝る場合も同じです。中断するたびに元の状態に戻し、作業再開の際には常に一番最初の状態から分解を始めます。あるいは、分解に少し行き詰まったときに、息抜きを兼ねて最初の状態に戻してみるのも良いでしょう。

これは一見効率が悪いように見えますが、決してそうではありません。むしろ、トータルで見れば効率が良いのです。カメラは機械ですから、完全に理屈で理解できます。しかし、いきなり機械の塊を見せ付けられて、仕組みを理解しろと言われても無理な話です。ところが、同じ事を反復していると、「慣れ」が「理解」に変わります。仕組みが「見えて来る」と言っても良いでしょう。この状態になることが重要なのです。

■分解は計画的に

分解は決して軽い気持ちで始めないでください。単純な故障を見ると、つい後先考えずにネジを外してしまうことがありますが、これは非常に危険です。必ず、作業に使える時間を考え、道具や資料を揃え、デジカメやメモなどの記録の準備をしてから分解に掛かりましょう。簡単に直せそうな気がするのは**錯覚**です。また、「あとちょっとで直る」というのも**錯覚**です。のめり込ませて破滅させるための**罠**です。

機械好きな人間ほどこの悪魔の誘惑に弱いのですが、最悪の結果を招くことになること受け合いです。分解は、

自制心と欲望との戦い

だということを肝に銘じておいてください。焦らず、面倒臭がらず、少しずつ着実に作業を進めるのがコツです。

■1台目はイケニエに

正直なところ、本書の読者の興味は「修理」にあって、「分解」だけでは物足りないと感じていることでしょう。しかし、もう一度強調しておきますが、素人に本当の意味の「修理」は無理です。特に、試行錯誤で分解をする場合、非常に高い確率で元に戻らなくなります。はっきり言えば、1台目は「イケニエ」だと思ってください。要は、イケニエの1台目を無駄死ににしないように、十分に記録を取り、スキルを蓄積することが重要です。本当に修理したいカメラは、修理方法が判明するまで取っておくか、潔くプロの修理業者にお願いしましょう。

分解の注意点

具体的な分解の手順に入る前に、基本的なテクニックをいくつか紹介しておきましょう。これらは、特定の機種に限定したものではなく、カメラやレンズの分解全般に当てはまるものです。あらかじめ頭に入れておいてください。

■ユニットごとに分解する

構造の複雑なカメラの場合、たとえば、Aのユニットを外すには先にBのユニットを外さなければならない、Bのユニットを外すには先にCのユニットを外さなければならないという場合があります。しかし、こういったことは分解の過程でわかることで、あらかじめわかっているものではありません。そのため最初はA、B、Cのすべてを中途半端に分解した状態になると思いますが、これは良くありません。脳のバッファの限界を超えます。そんなときはA、Bのユニットを元の状態に戻し、Cのユニットのみを集中して分解しましょう。

■分解した部品はわかるように取っておく

カメラは膨大な数の部品の集合体なので、分解していくと当然数多くのパーツが出ます。中には、ネジのように外観だけではどこに填まるのかわからないものや、ぱっと見ただけでは用途を判別できないものもあります。それらを1ヵ所にまとめておくと、どこの部品なのかわからなくなってしまいます。そこで、前述したパーツボックスや部品皿を使って、外した部品を部分ごとにまとめて保管してください。1つの皿に入るネジの数はせいぜい数本に留めておくべきでしょう。また、分解に支障がなければ、外したネジは元の位置に仮止めしておくことをお勧めします。

■マーキングとテーピング

分解したカメラを組み立て直すときの基本は「はまるようにはめる」ということですが、それだけではうまく行きません。分解前の状態をデジカメで撮影しておくのも良いですが、露出を調整する部分やレンズのピントリングなどは、マジックやダーマトグラフで元の位置をマーキングしておくと便利です。また、分解中に動いては困るような部分は、セロテープやガムテープで固定しておくと良いでしょう。

■うかつな注油はしない

カメラは長い間使用していると、油が切れて巻き上げの動作などがスムーズでなくなることがあります。こういうとき、素人はかなり軽い気持ちで油を差してしまうのですが、これは自殺行為です。カメラは自転車ではないので、油をさせばスムーズに動くというものではありません。油には潤滑効果だけではなく**接着効果**もあるのです。ですから、レンズの絞り羽根やシャッターユニットに油が回ると、絞

りやシャッターが正常に開閉できなくなってしまいます。こういう状態になったら、分解洗浄しない限り元には戻りません。うかつな素人注油は絶対にやめましょう。

…と、偉そうなことを言ってますが、説教を垂れた本人が同じ失敗を何度も繰り返しています。確かに、ちょっとした注油で状態が非常に良くなることもないではありません。しかし、それは僥倖に恵まれたにすぎません。9割以上は失敗してるのですが、それでもつい注油してしまう自分を止められません。それほど

注油の誘惑

は強いものなのです。しかし、今度こそ筆者も油を絶ちますので、みなさんも決してやらないでください。

■ネジがなくなってもあきらめない

素人が分解をすると、欠品が発生する可能性が非常に高くなります。特になくなりやすいのは、ネジ、バネ、ボールベアリングの3つです。中でもバネは予期しないときに、予測不可能な方向に飛んで行きますから、最上級の注意が必要です。と言っても、資料でもない限りどこにバネが使われているかわかりませんから、注意にも限界はあります。その点、ネジやボールベアリングは原則的に下方向に落下するだけですから、なくしてもバネよりは探しやすいでしょう。

パーツをなくさないようにするには、机の上や足元にマットを敷くことです。こうしておけば、落としても遠くまで転がって行くことはまれです。また、意外に思われるかもしれませんが、経験的に机よりもコタツのほうがパーツをなくしにくいように思います。コタツだと、掛け布団で止まってくれることが多いからです。

もしパーツがなくなったとしても、すぐ諦めるのは早計です。パーツ取り用に同機種をもう1台入手するという方法もありますし、ネジやボールベアリングならばDIYショップで代替品が手に入る可能性があります。正確に同じ大きさでなくても、結構間に合うことはあるようです。

コラム

分解痕

素人が分解すると、必ずといって良いほど、ボディに分解痕が残ります。たとえば、カニ目やネジ山が少し舐めたようになっていたり、カニ目やネジの回りに傷が付いていたりしたら、それはかなり高い確率で素人に分解された機体です。ジャンクカメラを入手するときも、分解痕はチェックしたほうが良いでしょう。いくらジャンクとは言え、他人が分解に失敗した欠品だらけのものをつかまされてはたまりません。

分解痕の中で最も悲惨なのは、逆ネジを無理矢理回したときにできる傷です。逆ネジを順ネジのつもりで力任せに回したせいで、ネジ山が完全に潰れている機体もときどき見かけます。こうなると、先細プライヤなどでネジのアタマをつかんで回してやるとか、ハンマーでドライバをネジに叩き込んで回すような作業が必要になります。いずれにしろ、ボディはかなり痛んでしまいます。

分解痕は素人とプロの差がはっきりと出ます。プロは実にうまく傷が付かないように分解します。また、錆びていたりして無傷では外せないようなパーツは新品と取り替えます。メーカーの純正修理だけでなく、修理専門業者も各カメラのパーツを独自に作成していることがあるので、新品との交換は不可能ではないのです。個人でも、金属板やプラ板などを加工して、独自にパーツを自作するツワモノがいます。

ところで、カメラのパーツの中には、非常に分解痕が残りやすいものがあります。どんなに上手に分解しても、はっきりと分解痕が残ります。これはひょっとすると、素人が開けたことがすぐにわかるように、わざと分解痕が付きやすいように加工しているのかもしれません。

1-5 コンパクトカメラで小手調べ

一眼レフの分解にかかる前に、廉価のコンパクトカメラを分解してみる。単純だがエッセンスは豊富だ。甘く見て軽んずることなかれ。

Smart shotの特徴

ここで取り上げるFuji Smart shot（フジ・スマートショット）は、1990年代中頃に発売された単速・単絞り・固定焦点の簡易カメラです。「写ルンです」と同じようなスペックの超廉価機ですが、写りは意外に悪くありません。ただ、中古カメラとしての価値はほとんどないため、大手カメラ店のジャンクワゴンで100円〜300円くらいで売られています。オークションでも非常に安価で取り引きされていて、単体では商品価値がないので、ジャンクセットの中に混じっていることもあります。フリマなどでも入手できるかもしれません。いずれにしろ、出回っている数が多く安価なカメラなので、入手は難しくないでしょう。

このカメラは一見するとどこにもネジがなく、分解の手掛かりがありません。最初は接着剤でくっつけてあるのかと思ったほどです。実際には接着剤止めではありませんが、上手にユニット化と簡素化が図られており、組み立てやすく分解しやすい、文字どおり「スマート」な構造をしています。悪く言えば玩具のような造りですが、小手調べにはちょうど良いと思います。使用する工具はプラスとマイナスのドライバだけです。分解の目的は、レンズプロテクタの内側とファインダー内部の掃除です。

ストロボの放電

コンパクトカメラの分解の際に一番気を付けなければならないのが、ストロボです。コンパクトカメラにはたいていストロボが内蔵されていますが、ストロボ用コンデンサには数千ボルトの高圧電流が充電されています。このため、分解中にうっかりコンデンやストロボ回路に触ると感電してしまいます。小電流なので直接命に関わるようなものではありませんが、ショックで手をぶつけて怪我をしたり、カメラを落として壊してしまうことがあります。このような感電を防ぐため、あらかじめストロボ用コンデンサを放電しておく必要があります。

もっとも、このSmart shotはストロボの回路が非常に単純なので、ほとんどの場合コンデンサは空になっていると思います。Smart shotはボタンを押さないと充電されませんし、充電された電流はシャッターを切ればすべて放電されます。Smart shotのコンデンサに電流が残るケースとして考えられるのは、充電だけしてシャッターを切らずに放置したときだけですが、それでも1日あれば自然放電してしまいます。ユーザーが入手した段階で充電されている可能性はほとんどありません。

しかし、念には念を入れ、空シャッターを切って放電しておきましょう。なお、Smart shotはスプロケット（フィルム送りの歯車）でシャッターチャージをしているため、空シャッターを切るのがちょっと面倒です。

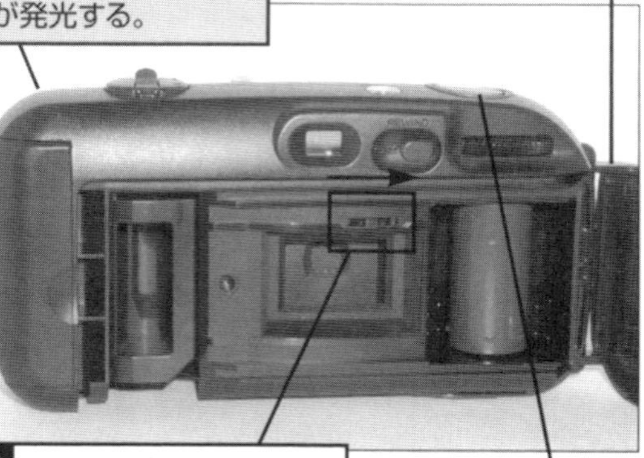
コンデンサが充電されていればストロボが発光する。
1 裏蓋を開ける。
2 この歯車（スプロケット）を矢印の方向にカチッというまで回転させる。
3 シャッターボタンを押す。

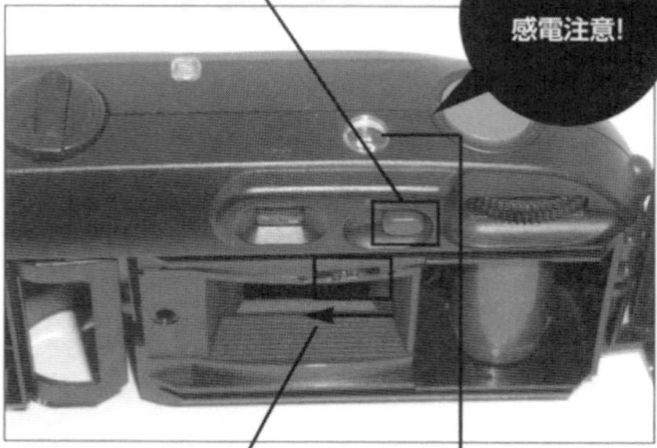
4 このボタンを押す。
5 スプロケットをさっきとは逆方向に回す。
6 フィルムカウンターが「S」になったら回すのをやめる。

POINT 感電注意!

キーワード

スプロケット

フィルム送り用のギア。フィルムの上下に開いている穴（パーフォレーション）と噛み合ってフィルムを送る。フィルムの送り量の制御もここで行っている。また、フィルム送り自体はスプール（巻き取り軸）で行い、スプロケットは送り量の制御のみを行っている場合もある。なお、昔はスプロケットでシャッターチャージを行う機種が数多くあったが、最近ではあまり一般的ではない。

注意

この操作をしておかないと、フィルムカウンターがズレてしまいます。

メモ

オートストロボの機能があるコンパクトでは、電池を抜いて半日〜1日程度放置してから分解にかかってください。

Smart shotの分解

では、実際に分解作業にかかりましょう。さきほど述べたように、このカメラは一見するとどこにもネジがないように見えますが、実は前面の化粧板の下にネジが隠されています。これはプラスチックのツメで本体にはめ込まれているだけなので、簡単に取り外せます。

前板を取り外す

POINT 隠れたネジを探し出せ!

FUJI
SMART SHOT
1 ここにマイナスドライバを突っ込む。

FUJI
SMART SHOT
2 ドライバでこじ開けると前板が外れる。

3 ストロボのボタンを取る(左右があるので注意)。

4 フラッシュのチャージランプのカバーを取る。

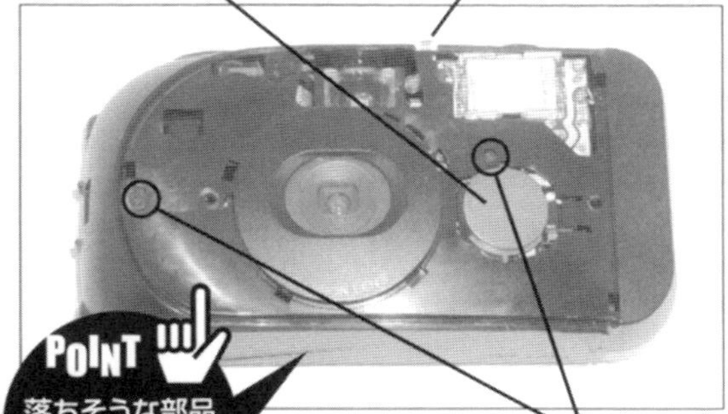

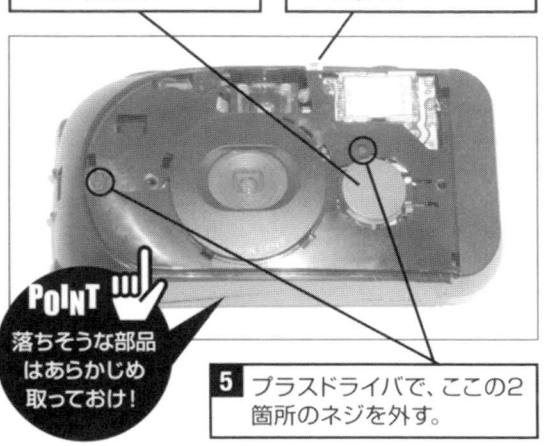

POINT 落ちそうな部品はあらかじめ取っておけ!

5 プラスドライバで、ここの2箇所のネジを外す。

メモ

取り外したパーツは必ず部品皿などに保管しておいてください。

6 前板を取り外す。

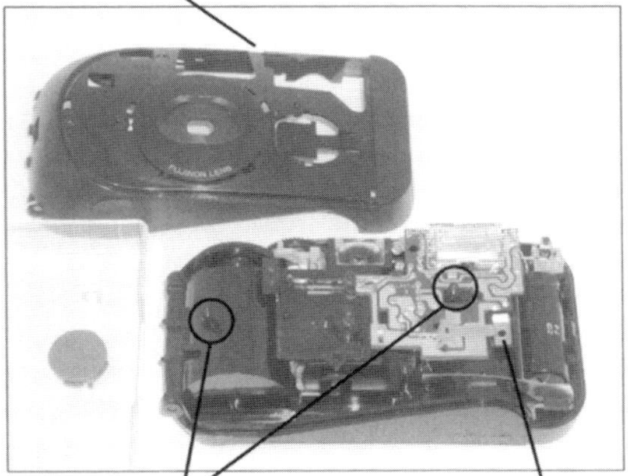

8 ネジはここに仮止めしておく。

7 ストロボの接点も取り外しておく。

メモ

カメラを分解していると、外したネジの数が多すぎてどこのネジなのか判らなくなることがあります。そこで、支障がなければ、外したネジは元のネジ穴に仮止めしておくことをお勧めします。なお、組み立てるときは、仮止めしたネジをいったん外しておきます。この作業は忘れやすいので注意してください。

レンズプロテクタを掃除する

1 ここの汚れやゴミを取る。

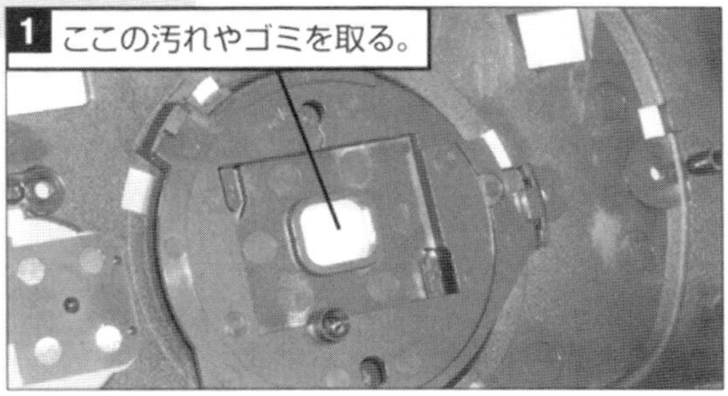

POINT 光学系の清掃は慎重に

2 上から綿棒などを差し込んでファインダーを掃除する。

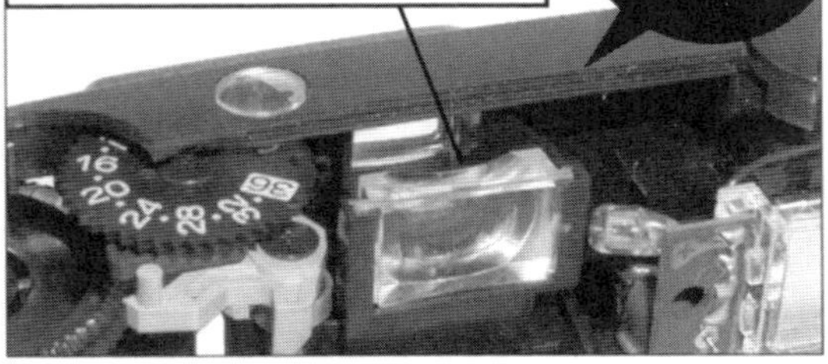

メモ

プラ部の清掃にはブロアやマイクロファイバークロスなどを使ってください。汚れがひどいときは、中性洗剤を使って丁寧に汚れを落としてください。なお、プラスチックは傷が付きやすく薬品にも弱いので、清掃には細心の注意が必要です。ティッシュで強く拭くとすぐに傷になりますし、溶剤を含んだクリーニング液を使うと曇ってしまいます。この程度のカメラなら、綿棒にアルコールを含ませたもので拭き取っても良いですが、より高級なカメラの場合は、割り箸にクリーニングペーパーを巻き付け、専用のクリーニング液を染み込ませたものを使って清掃します。

組み立て直す

掃除が済んだら、分解とは逆の手順で組み立て直してください。その際、ストロボの接点、ストロボスイッチ、チャージランプのカバーの取り付けを忘れないでください。また、仮止めしたネジは必ず外してから組み立ててください!

＊　＊　＊

いかがでしょうか? もし、この程度の分解でひどく手こずるようなら、一眼レフの分解は少し難しいかもしれません。安いコンパクトカメラを何台か壊して経験を積んでみてください。

コラム

トイカメラの分解

Smart shotよりもさらに簡単に分解できるのが、中国製のトイカメラです。5分もあればバラせます。最近ではノベリティグッズとしていろいろなところでばらまかれていますが、買っても数百円前後です。これならば壊しても惜しくありませんし、ストロボも内蔵されていないので感電の心配もありません。ここで取り上げるPANOXは、中国製トイカメラの中でもかなりポピュラーな部類です。

1 側面のネジ2ヵ所を外す。

2 反対側の側面のネジも外す。

3 フロントカバーが簡単に取れる。

4 スライドバリアを外す。

ここがシャッターロック機構。

5 レンズ押えとレンズを外す。ツメが穴にはまっているだけなので、ドライバなどでツメを軽く持ち上げれば簡単に外れる。レンズの下にスペーサーを入れればピント位置が変えられる。別のカメラのレンズと交換することもできる。

6 絞りを止めているネジ3ヵ所を外す。中央の穴の大きさを変えれば、絞りを変更できる。

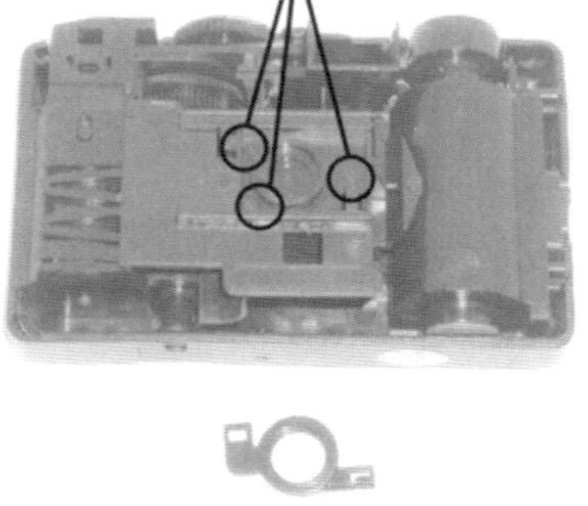

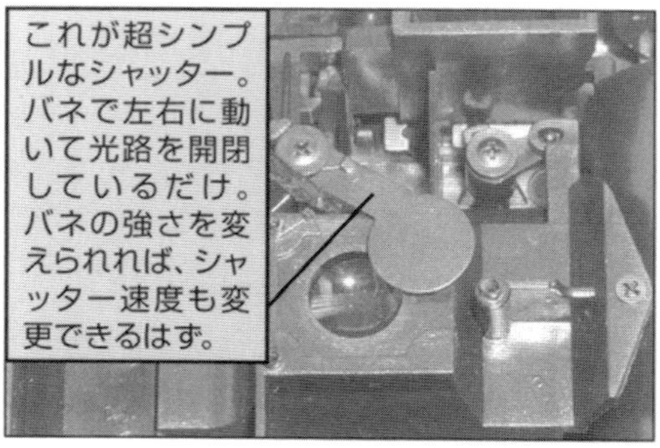

これが超シンプルなシャッター。バネで左右に動いて光路を開閉しているだけ。バネの強さを変えられれば、シャッター速度も変更できるはず。

chapter of body

ボディ編

2-1 COSINA CT-1Super

■発売年月	1983年ころ
■標準価格	30,000円
■型式	フルメカニカル機
■マウント	PKマウント
■測光方式	TTL開放測光（中央部重点測光）
■シャッター	機械制御縦走り金属羽根シャッター（最速1/2000"）

最初に分解を試みるのはCOSINA CT-1Superです。この名前だけではあまりピンとこないかもしれませんが、CT-1／C1sシリーズは実用本位の廉価な一眼レフとして、長い間作られ続けたロングセラー機です。特に、工事現場や研究室など、カメラが業務上必要とされる場所で良く使われてきました。また、ほかのカメラメーカーにもOEM供給され、Nikon FM10、OLYMPUS OM2000、RICOH XR-8、XR-SOLAR、CHINON CM-7、Vivitar V2000など、数多くの兄弟機が存在します。AE機のNikon FE10やCanon T60（輸出用）、RICOH XR-7などもイトコくらいの関係になります。さらに、コシナのレンジファインダー機Bessaシリーズも、このCT-1/C1sシリーズの子孫です。

CT-1/C1sファミリーのごく一部

CT-1シリーズの特徴は、非常に安価であること、小型軽量であること、必要にして十分の機能を備えていることです。また、フルメカニカル機なので、露出計以外は電池なしでも動作しますし、故障も少ない部類です。安いPKマウントのレンズをくっつけて、お散歩カメラに使うには絶好の1台です。そのため、中古市場では意外に人気があり、廉価機の割には高い価格で取り引きされています。しかし、工事現場で使われていたようなくたびれた機体に出会えれば、2,000円前後での入手も不可能ではありません。

内部の構造を見ると、非常にうまく整理されている感じがします。廉価カメラですから、とにかくユニット化して組み立ての手間を省こうと考えたのでしょう。おかげで分解も非常に楽です。構造がシンプルなためか故障も少な目ですが、酷使による動作不良はしばしば見かけます。グリス切れやサビが原因でシャッター系が不安定になったり、ファインダーにゴミやホコリが侵入することは多いようです。ここでは、特定の症状に限定せず、トップカバーと前板を外して、プリズムを降ろしたり、シャッター系をチェックしたりする方法を説明します。

分解の目的

■ファインダー系の清掃
■スローガバナへの注油
■ミラー駆動系のチェック
■シャッターのロック機能の無効化

必要な工具

■ドライバ各種（プラスの0番中心）
■シャッターオープナー
■半田ゴテ
■ピンセット
■綿棒、爪楊枝、クリーナー液などの清掃用品

トップカバーを開ける

最初にトップカバーを開けます。CT-1ファミリーでも古めの機種では、トップカバーを開けてプリズム押えを外すだけでプリズムを降ろせました。しかし、今回分解しているCT-1Superでは、プリズムの枠とプリズムが接着されているため、プリズム単体を降ろすことは不可能になっています。

巻き戻し軸を分解する

1 巻き戻し軸を引っ張って裏蓋を開ける。

2 巻き戻し軸の溝にドライバを入れて固定する。

3 ドライバを入れたまま、巻き戻しクランクを反時計回りに回す。

POINT
一眼レフは巻き戻し軸からバラす!

4 巻き戻しクランク部を取り外す。

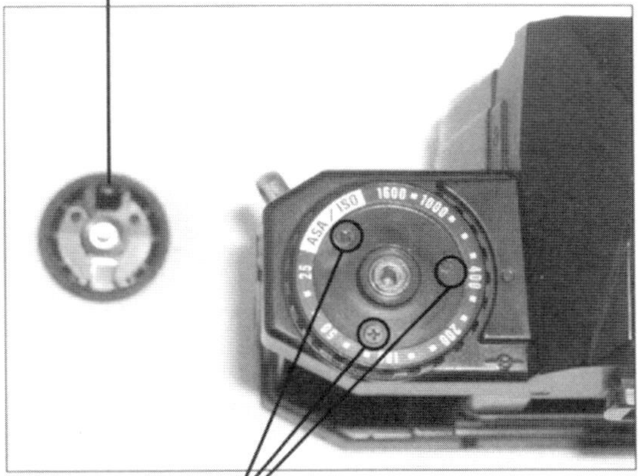

5 ネジを3ヵ所外す。

メモ
ASA/ISO感度ダイヤルの位置をメモしておきましょう。念のためにデジカメで撮影しておくと確実です。

7 外した3本のネジは元のネジ穴に仮止めしておく。

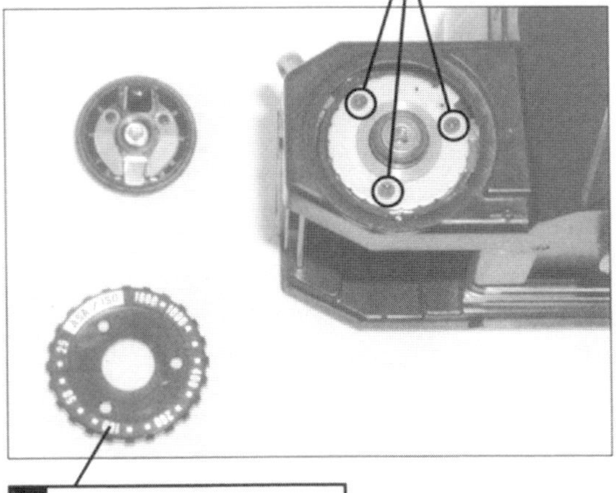

6 ASA/ISO感度ダイヤルを外す。

巻上軸を分解する

1 巻き上げレバーを引き出す。

2 巻き上げレバーの裏側にある2本のネジを外す。

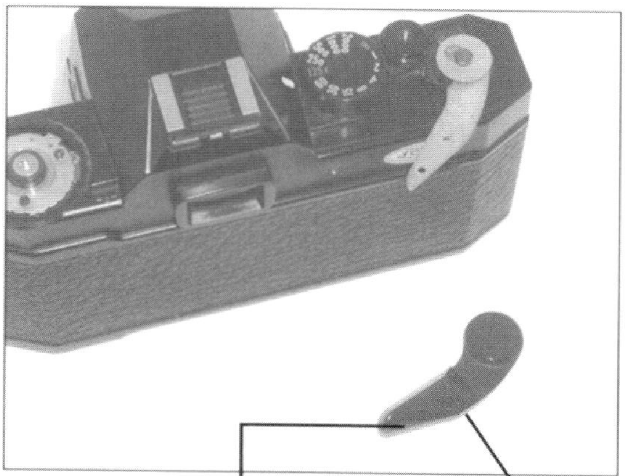

3 巻き上げレバーのカバーを外す。

外したネジは元のネジ穴に仮止めしておく。

4 巻上軸を止めているプレートを矢印方向にずらして外す。

メモ

CT-1Gなどでは、プレートがネジ止めされています（順ネジ）。

5 巻上軸を分解する（パーツの裏表に気を付けて保存すること）。

シャッター軸の分解

1 シャッター軸の中央をシャッターオープナー（ジャンクコンパスなど）で回して開ける。

速度ダイヤルの位置をメモしておく。

2 シャッターダイヤルを取り外す。

小判型の軸と切り欠き部分の位置関係が重要。シャッターダイヤルがうまくはまらないときは、ここの位置関係をチェックする。

トップカバーを開ける

1 トップカバーの回りの6ヵ所のネジを外す。

2 トップカバーを取り外す。

CT1SUPER
COSINA

メモ

CT-1シリーズは、トップカバーとボディが分離しているので普通に取り外してかまいませんが、機種によってはリード線で接続されているものがあります。トップカバーは丁寧に取り外すように癖を付けましょう。

メモ

トップカバーは必要に応じてクリーニングしてください。ただし、プラ製なので手荒に扱うと割れてしまいます。中性洗剤で丁寧に拭いてください。

前板の取り外しとプリズム降ろし

CT-1Superでは、プリズムを降ろす前に前板を取り外す必要があります。また、前板を外せばシャッター系の不具合（低速の動作不良）をチェックすることも可能です。なお、ファインダー系に問題がなくプリズムを降ろす必要がないならば、リード線はオレンジ色2本のみを外してください。

リード線の半田を外す

2 こちらのオレンジ色のリード線も外す。

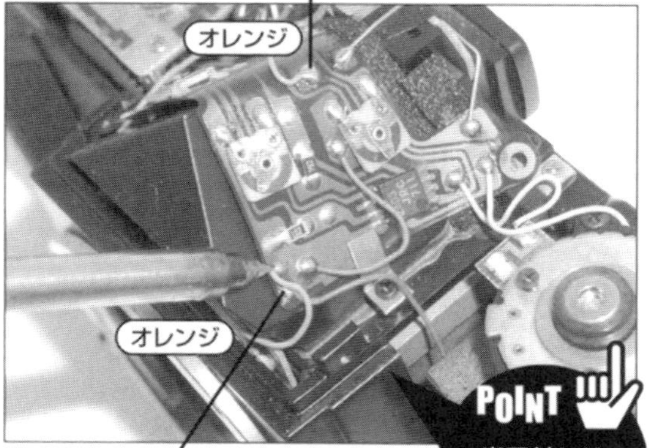
オレンジ
オレンジ
POINT
半田外しは
恐れず慎重に！

1 ここのオレンジ色のリード線を半田ゴテで取り外す。

メモ

半田ゴテは手早く使って、周囲の回路を傷めないようにしてください。コテ先が過熱すると酸化皮膜ができてしまい、コテ自体をどれだけ熱くしても半田が溶けなくなります。その場合は、コテ先を濡れスポンジで拭くなどして、酸化皮膜を取り去ってから使ってください。また、酸化皮膜ができないようにコテ先に半田メッキをしておくなど、普段からの手入れも重要です。

3 反対側の黒、ピンク、緑、赤のリード線を外す。

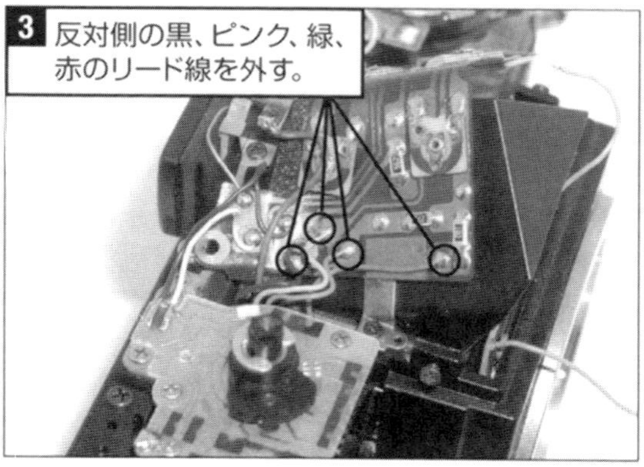

ピンク
黒
緑
赤

取り付けるときはリード線の場所を間違えないように。

メモ

この4本のリード線は、プリズムユニットの中にある露出計のLEDにつながっています。プリズムユニットを降ろさないのであれば、取り外す必要はありません。

前板を取り外す

1 グリップの貼革のに端にマイナスドライバを差し込んで貼革をはがす。

2 貼革の下のネジ2ヵ所を外す。

POINT
貼革の下に隠れたネジを探せ!

3 前板の貼革をこの部分からはがす。

4 貼革の下のネジ2本を外す。

5 同様に反対側の貼革もはがしてネジ2本を外す。

ここにシャッターを制御するギアがある。

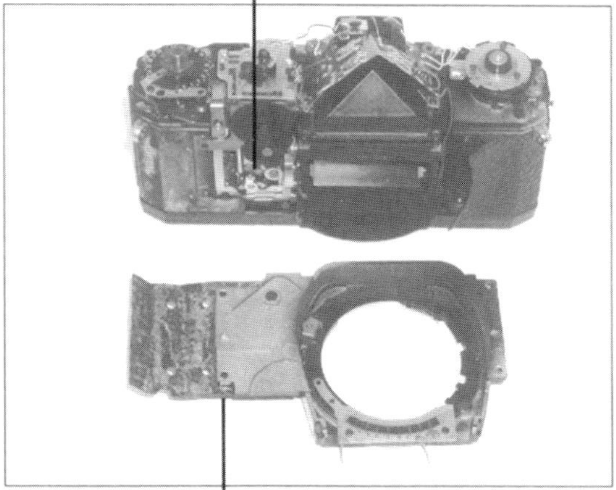

6 これで前板が外れる。

キーワード

プリズム(ペンタプリズム)

ファインダー像を左右正像にするためのもの。ペンタプリズムが発明される以前のレフレックス・ファインダーは左右が反転してしまい不便だったが、ペンタプリズムの登場で、初めて上下・左右が反転しない完全なファインダー像が得られるようになった。「ペンタ」はプリズムの形状が五角形であること意味する。また、左右像を反転するため、上部は直角の屋根(ダハ)状になっている。このため、「ペンタゴナ・ダハ・プリズム」とも呼ばれる。最近ではコストダウンと軽量化のために、ペンタプリズムの代わりに鏡(ペンタダハミラー)を使うこともある。

プリズムユニットを降ろす

1 プリズムユニットを止めているネジ4本を外す。

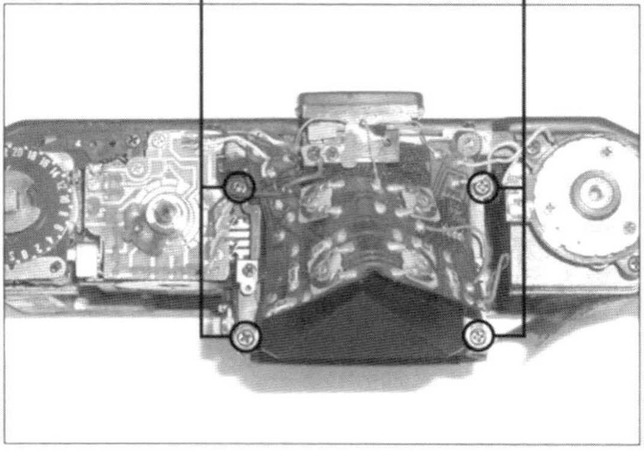

注意

4ヵ所とも、ユニットの下には金属製の円筒状スペーサが入っています。小さなパーツなので、なくさないように注意してください。本来ならば、プリズムユニットをミラーボックスに取り付けたまま取り出してから、プリズムユニットを降ろすべきかもしれません。

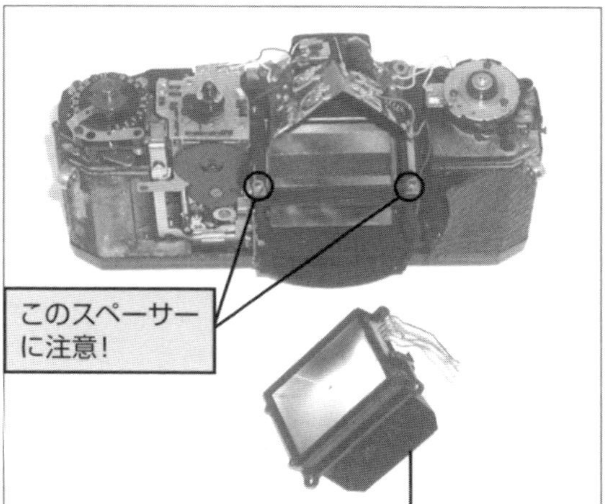

このスペーサーに注意!

2 これでプリズムユニットが降ろせる。

3 スクリーン枠を止めているネジ4ヵ所を外す。

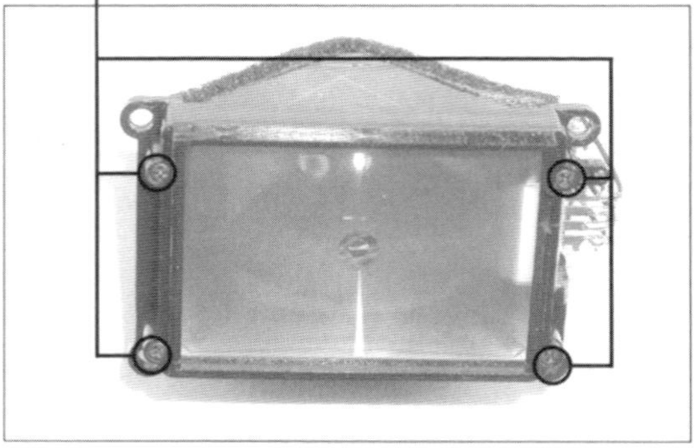

4 スクリーンを外してプリズムの内側を清掃する。

メモ

CT-1GやRICOH XR-8では、トップカバーを開けてプリズム押えとリード線を1本外すだけで、プリズムを降ろせます。こちらのほうがずっと簡単に分解できるのですが、流通量や価格の関係でCT-1 Superを選びました。もし、CT-1GやXR-8のジャンク品が入手できたら、そちらを分解してみてください。

シャッター系をチェックする

1 シャッターダイヤルと巻き上げレバーを仮組みする。

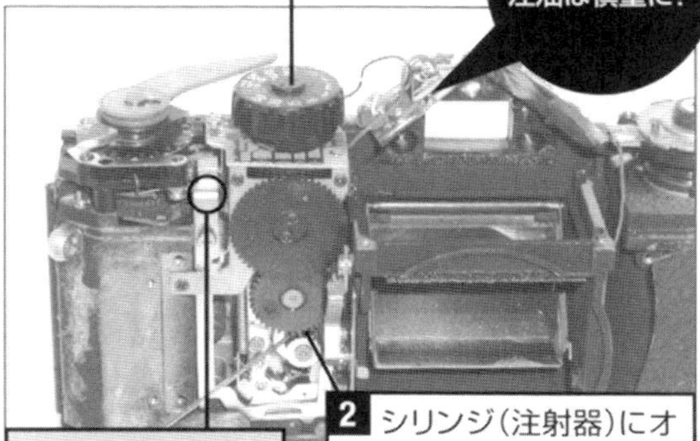
速度を適当に変えながらシャッターを切ってテストする。
POINT
注油は慎重に!
これがシャッターボタン。
2 シリンジ(注射器)にオイルを入れて、この部分のギアに差す。

メモ

主に低速でのシャッター動作をチェックしてください。

注意

ここではかなり無造作に注油していますが、これはフルメカ式のジャンクカメラだからできることで、高級カメラやAE機ではうかつに注油をしてはいけません。注油する場合も、オイルをそのまま使うと粘りが出て動作不良の原因となるので、ベンジンで5%に希釈して、必要な部分に必要最低限の量だけ差さなくてはいけません。もちろん、CR-C556のようなスプレー式の油を直接吹き付けることも厳禁です!

コラム

COSINA CT-1/C1sシリーズ

CT-1/C1sシリーズには、次のような機種があります。すべて小型軽量のフルメカニカル機です。なお、このシリーズには確実な資料がないため、発売年月は推測です。CT-1シリーズは初代からEXまで基本構造が同じなので、おそらく本書の手順を踏めばほとんど分解できるでしょう。しかし、C1sシリーズはボディのダイキャストから変更されているようなので、CT-1シリーズと同じ手順では分解できないと思います。また、Yashica FX-3シリーズもCOSINAのOEMという噂がありますが、少なくともCT-1/C1sとは別系統のようです(CHINON CM-5と似ている気がしますが…)。

CT-1/C1sシリーズの特徴

<table>
<tr><th>機種名</th><th>発売時期</th><th>シャッター最速</th><th>露出計</th><th>セルフタイマー</th><th>主なOEM機</th></tr>
<tr><td>CT-1(初代)</td><td>1979年ころ?</td><td rowspan="3">1/1000"</td><td>指針式</td><td rowspan="2">あり</td><td rowspan="3">—</td></tr>
<tr><td>CT-1A</td><td>1982年ころ?</td><td rowspan="6">LED式</td></tr>
<tr><td>CT-1G</td><td>1980年代初頭?</td><td>なし</td></tr>
<tr><td>CT-1Super</td><td>1983年ころ?</td><td rowspan="4">1/2000"</td><td>あり</td><td>RICOH XR-8、CHINON CM-7他</td></tr>
<tr><td>CT-1EX</td><td>1987年ころ?</td><td>なし</td><td>Vivita V2000他</td></tr>
<tr><td>C1s</td><td rowspan="2">1990年代初頭?</td><td>あり</td><td>RICOH XR-8 Super、Nikon FM10他多数</td></tr>
<tr><td>C1</td><td>なし</td><td>—</td></tr>
</table>

注意 この表の内容は筆者が独自に調べたものです。この表の内容について、メーカーにお問い合わせになることは絶対におやめください。

ミラーボックスを取り出す

シャッターを巻き上げただけでシャッターが落ちたり、ミラーが上がりっぱなしになる場合は、ミラーボックスを取り出して動作をチェックしてみてください。

底蓋を開ける

1 底蓋のネジ4ヵ所を外して底蓋を取り外す。

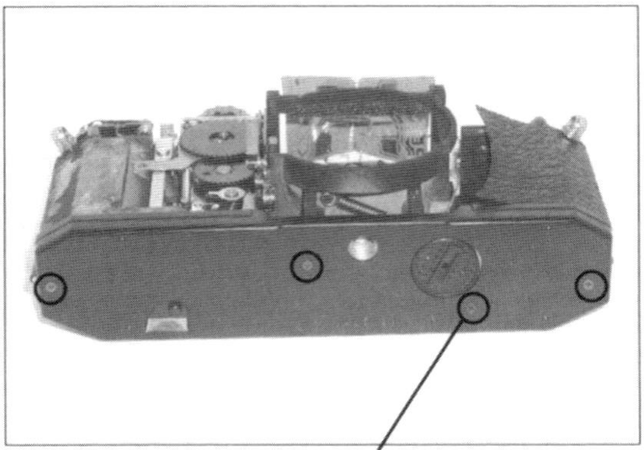

ほかのネジに比べ、電池室の下のネジだけが長い。

2 ミラーボックスを止めているネジ2本を外す。

ミラーボックスを取り外す

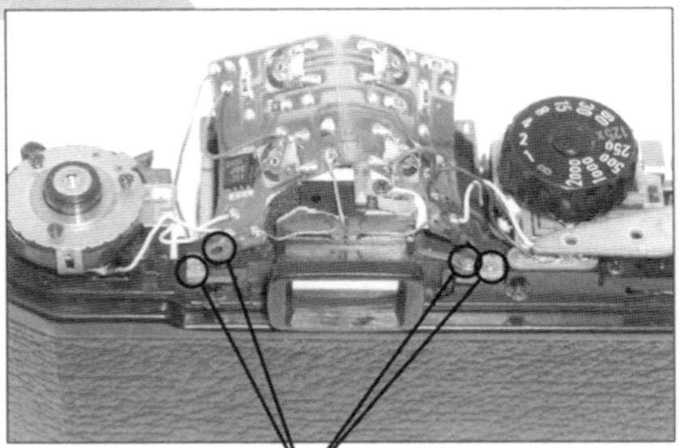

1 アイピースの左右のネジ4本を外す。

2 これでミラーボックスが取り出せる。

シャッターやミラーがおかしいときは、この部分に原因があることが多い。

メモ

オイル切れやサビなどで動きが鈍くなっている部分がないか、チェックしてみてください。

再組み立て

組み立ては分解と逆の手順で行えば良いのですが、いくつか注意しなければならない点があります。また、CT-1シリーズは巻き上げレバーを畳み込むとシャッターがロックされる仕掛けになっていますが、これに不満を持つユーザーもいるようです。巻き上げレバーを畳み込まないと、ファインダーが覗きにくい場合があるからです。また、ロック状態でシャッターが切れないことを故障と勘違いするユーザーも少なくありません。そこで、組み立ての際に、シャッターロックを無効にする処置もしてみましょう。

ミラーボックスの組み込み

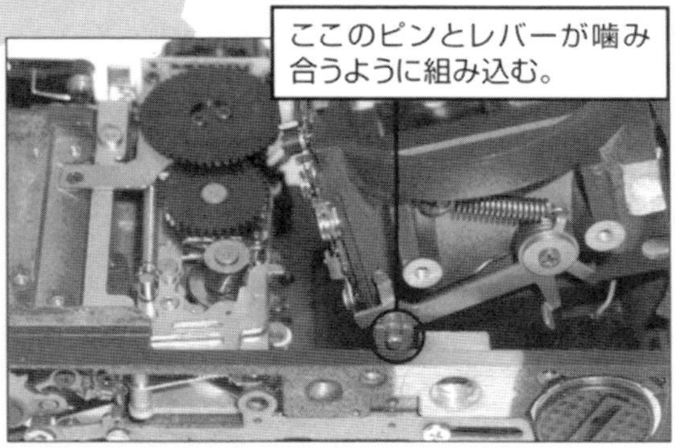
ここのピンとレバーが噛み合うように組み込む。

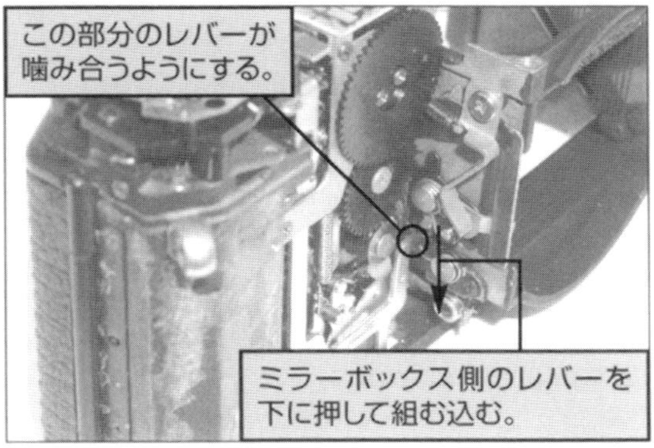
この部分のレバーが噛み合うようにする。
ミラーボックス側のレバーを下に押して組む込む。

前板とセルフタイマーのレバー

レバーをこの位置にして仮組みしたあと、矢印方向に少し回す。「パチン」と音がして噛み合ったら、しっかりとはめ込む。

巻き上げレバーのロックを無効化する

一番下のプレートを**裏返しにして**はめ込むと、ロックが無効になる。

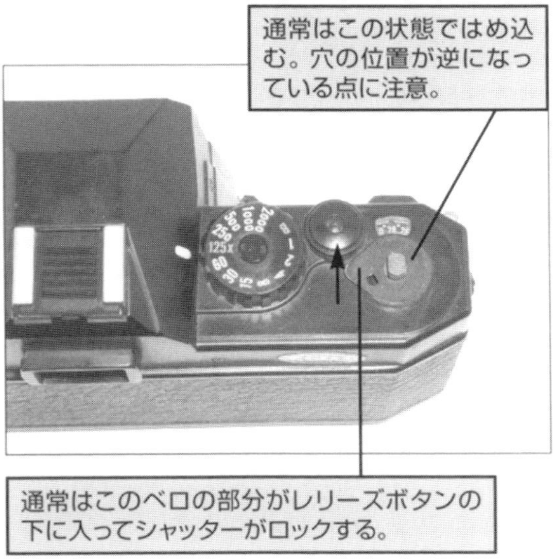
通常はこの状態ではめ込む。穴の位置が逆になっている点に注意。
通常はこのベロの部分がレリーズボタンの下に入ってシャッターがロックする。

メモ

このように、CT-1シリーズのシャッターロック機構はとても簡単に無効化できます。これは恐らく、初めからどちらでも使えるように設計されていたのでしょう。

2-2 OLYMPUS OM-1

■発売年月	1972年7月
■標準価格	52,000円(50mm/F1.8付、M-1)
■型式	フルメカニカル機
■マウント	OMマウント
■測光方式	TTL開放測光(中央重点測光)
■シャッター	機械制御横走り布幕シャッター(最速1/1000")

恐らく、200年近いカメラの歴史の中で、設計者の名前がこれほど多くの人々に語られた市販カメラはほかにないでしょう。オスカー・バルナックを除けば…なんて言うと少々大袈裟ですが、OLYMPUS OM-1は米谷美久《まいたによしひさ》氏という天才肌の技術者が、個人の好みに任せて設計したと言ってもよいほど個性的なカメラです。その特長は「使いやすさ」の一言に集約できます。小型であること、軽いこと、静かであること。今やアタリマエとなった一眼レフの特長は、実はこのOM-1から始まったのです。

残念ながらOMシリーズは数年前に製造中止となりました。原因はいろいろとあります。一番大きかったのはAF一眼レフでの失敗ですが、横走り布幕シャッターやスポット測光（非分割測光）にこだわった独自の姿勢も、一般ユーザーには受け入れにくかったのかもしれません。しかし、その「こだわり」が熱狂的ファンを生み、今でも中古市場では人気の高いカメラとなっています。中でもフルメカニカルのOM-1は人気がありますので、廉価で入手するのは少々難しいかもしれません。オークションのジャンク品でも4,000円以上はするようです。

OM-1にはいくつか非常に特徴的な故障が起こります。その最たるものは、プリズムの腐蝕です。これは、プリズム押えに使われているモルトプレンが加水分解して、銀の蒸着を腐蝕してしまう現象です。幸い、視野の下1/4程度にしか起きませんから実害は小さいのですが、一眼レフユーザーはファインダーの美しさにこだわるので、大きな問題です。

これがプリズム腐蝕！

また、巻き上げがロックされてしまう現象もよく見かけます。これは、経年変化で部品が磨耗または変形したために起きる現象のようです。根本的に修理するには部品交換しかありませんが、応急的な手当ならば比較的簡単にできます。本書では、こうしたOM-1の症状に対処する方法を中心に説明します。OM-1の構造は比較的シンプルで、分解自体は楽な部類です。なお、OM10からプリズムを取り出してOM-1に乗せ替える方法についても説明します。

分解の目的

■ファインダー系の清掃
■腐蝕プリズムの乗せ替えと応急処置
■巻上系の故障への対策

必要な工具

■ドライバ各種（プラスの0番中心）
■シャッターオープナー
■ゴムアダプタ（小）
■半田ゴテ
■ピンセット
■モルトプレーン、アルミ箔などの補修用品
■綿棒、爪楊枝、アルコールなどの清掃用品

トップカバーの分解とプリズムの交換

OM1の代表的な不具合はプリズムの腐蝕です。このプリズム腐蝕を根本的に修理するには、業者に再蒸着を頼むしかありません。しかし、コストを考えると決して賢明な方法ではないでしょう。一般には、下位機種のOM10から正常なプリズムを取り出し、OM-1の腐蝕したプリズムと交換する方法がよく知られています。OM10のプリズムはOM-1と互換性があり、しかも腐蝕がほとんど発生しないので、ドナーとして打ってつけです。ただし、最近ではOM10も決して安くはないので、コストパフォーマンス的にはちょっと考えどころでしょう。

巻き戻し軸を分解する

1 裏蓋を開ける。

3 巻き戻しクランクを反時計回りに回して外す。

2 巻き戻し軸のミゾにドライバなどを入れて固定する。

4 巻き戻しクランクの下のネジを2ヵ所外す。

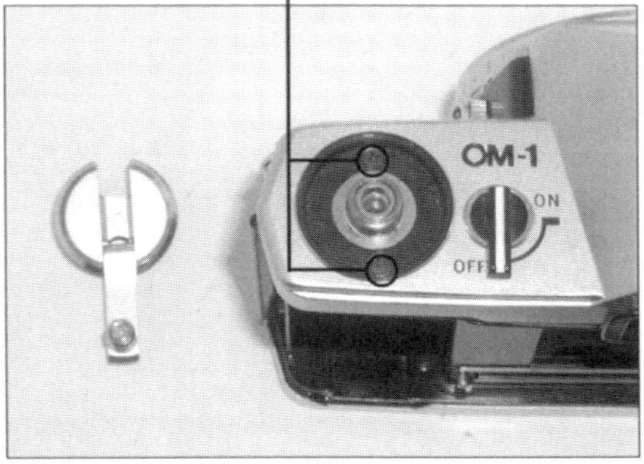

巻上軸を分解する

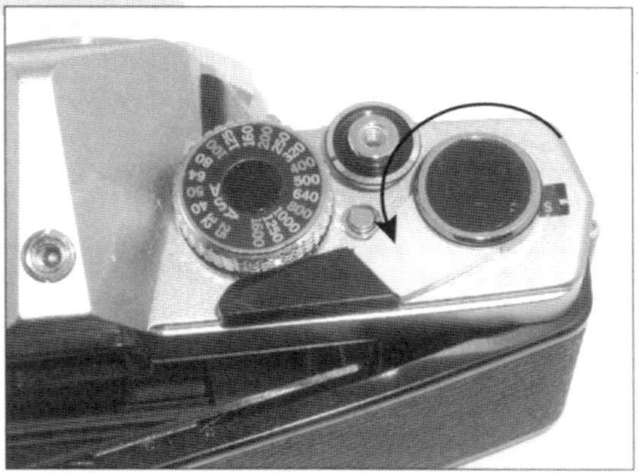

1 巻上軸の円盤を反時計回りに回して外す。

2 シャッターオープナーやカニ目レンチではなく、ゴムアダプタを使用する。

押し付けて

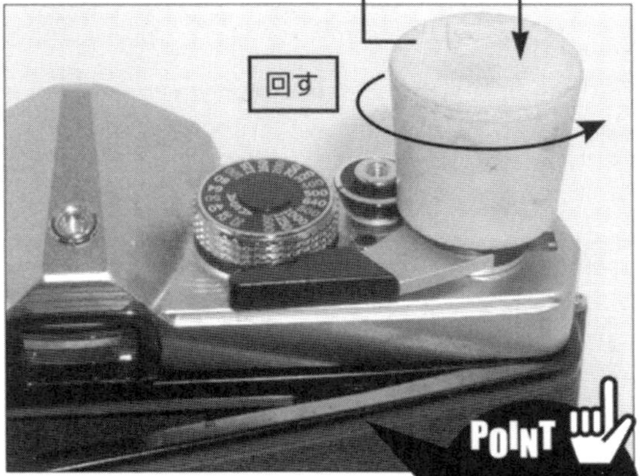

POINT
傷を付けたくなければゴムアダプタを使う!

注意

この部分がOM-1分解の一番のポイントです。穴が開いているので、シャッターオープナーやカニ目レンチなどを使いたくなりますが、それではレンチの先が滑って化粧板に傷を付けてしまう危険性が高くなります。筆者の勝手な想像ですが、これは素人が分解した場合に証拠が残るよう、わざと傷が付きやすくしているようにも感じます。無傷で外したいなら、必ずゴムアダプタを使用してください。ただし、円盤が固く締まっている場合はカニ目レンチなどを使わないと無理でしょう。その場合は、先に黒い化粧板の部分だけをはがしてから作業を行ってください(化粧板は接着剤で着いているだけなので簡単にはがせます)。

3 巻上軸を分解する。プラスチックのカバーと巻き上げレバーだけの簡単な構造。

4 先丸のカニ目レンチなどで台座を反時計回りに回して外す。

シューの取付座金を外す

1 シューの取付座金をシャッターオープナーで反時計回りに回して外す。

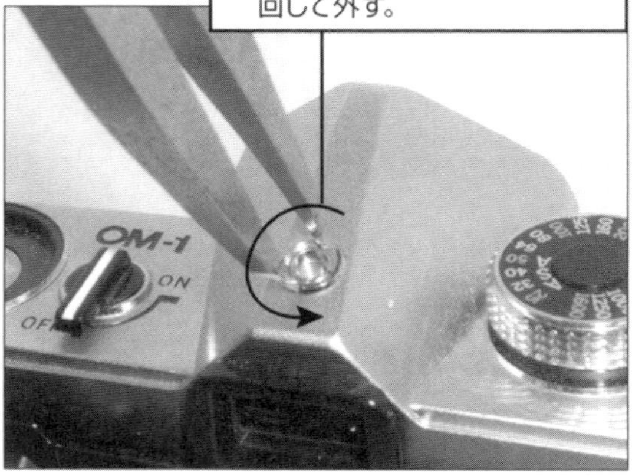

トップカバーを開ける

1 トップカバーをゆっくり持ち上げる。

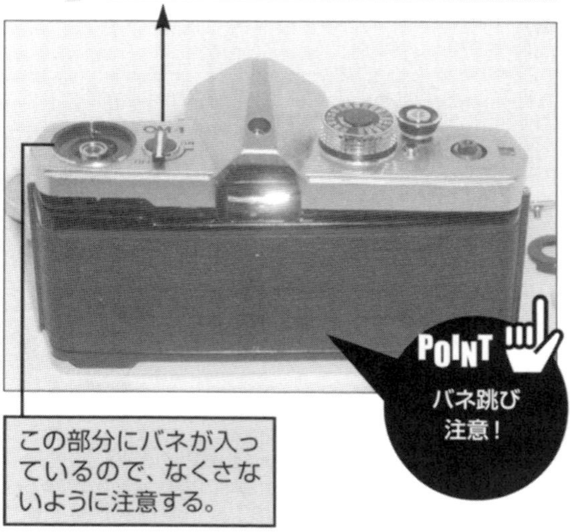

POINT

バネ跳び注意!

この部分にバネが入っているので、なくさないように注意する。

メモ

このバネは裏蓋のロック用です。

2 バネとワッシャをなくさないように取り外しておく。

このモルトがプリズム腐蝕の原因。

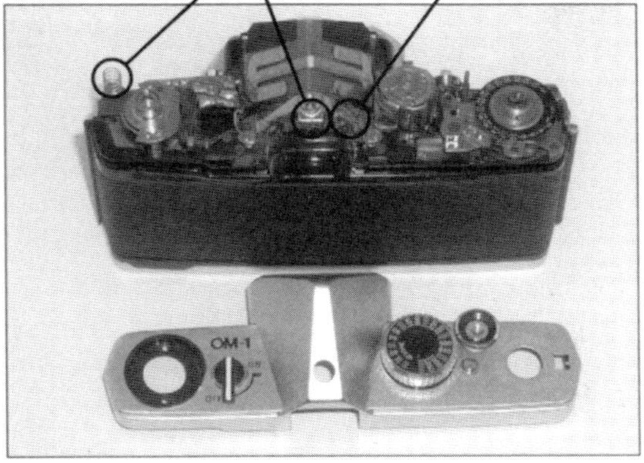

シューの取付座金を外す

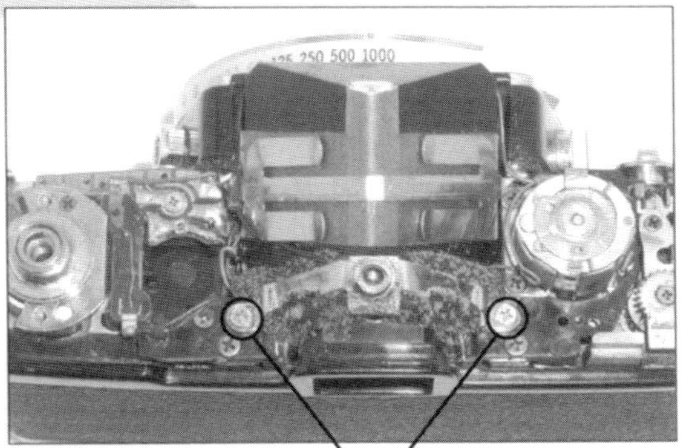

1 ネジ2ヵ所を外して、台座を取り外す。

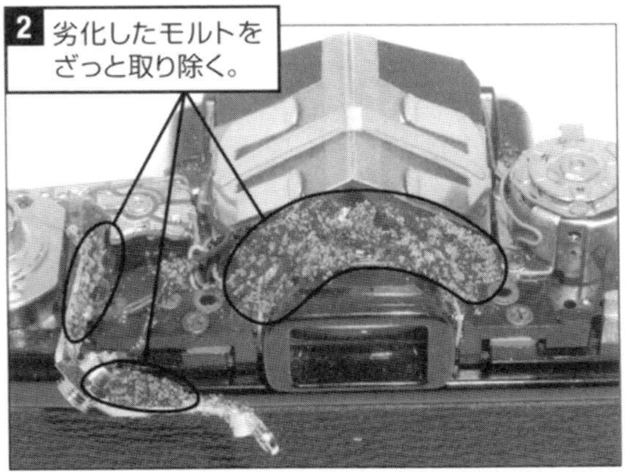

2 劣化したモルトをざっと取り除く。

3 トップカバーの裏側に付いたモルトも取る。

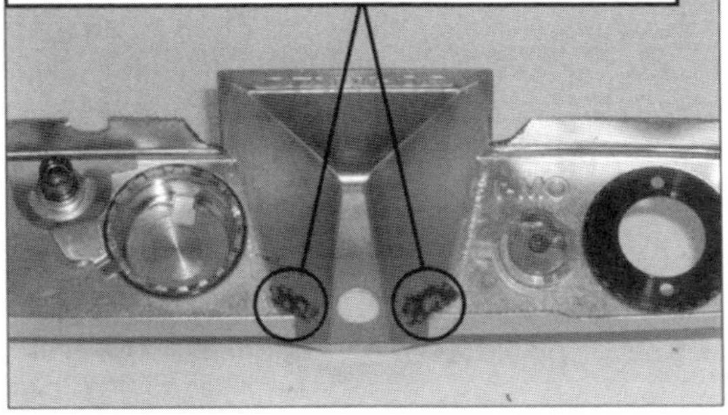

プリズムを取り出す

1 プリズム押えのネジ2ヵ所を外す。

スクリーンにモルトゴミが付いたらブロアで吹き飛ばす。指や布で拭いてはいけない。

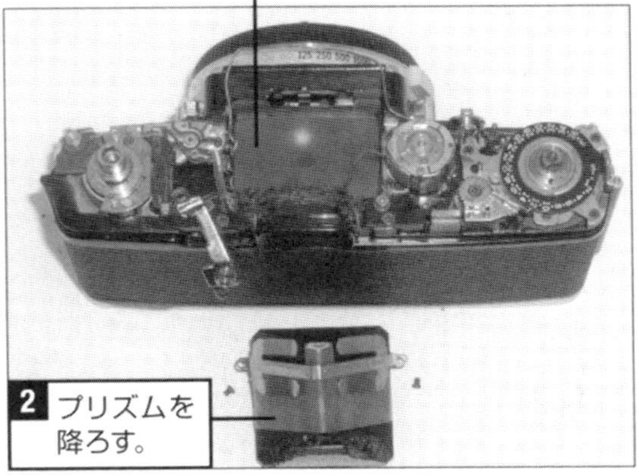

2 プリズムを降ろす。

この腐蝕がモヤモヤの原因。

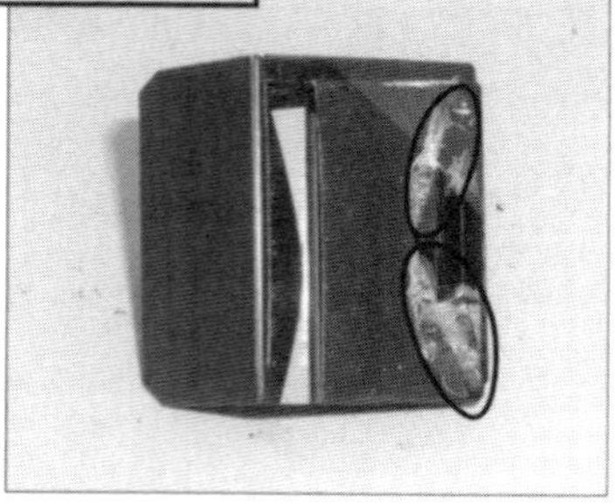

メモ

プリズムを取り出せたら、あとはこのプリズムをOM10から取り出した正常なプリズムと交換すればOKです。OM10からプリズムを取り出す方法に関しては、54ページを参照してください。なお、交換用の正常なプリズムが入手できない場合は、次のような手順で応急的な補修をしておきましょう。

プリズムの応急補修と再組立

1 アルコールを付けた綿棒で腐蝕した部分をきれいに取り去る。

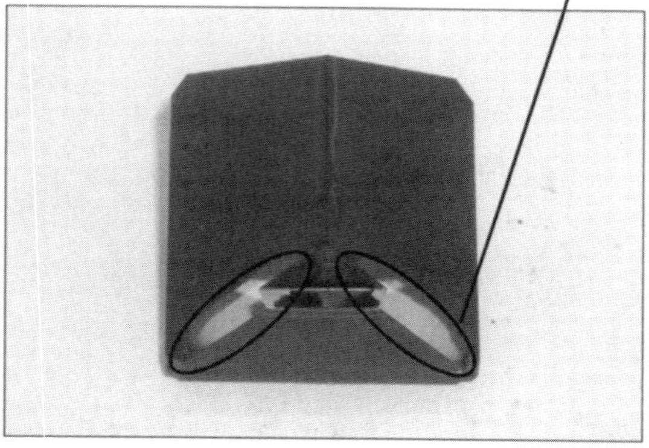

POINT
アルミ箔で
間に合うのは
OMだけ!

2 腐蝕部分を覆うようにアルミ箔を切る。

メモ

ここでは腐蝕したプリズムの補修にアルミ箔を使っていますが、果たしてアルミ箔が蒸着した銀の代わりになるのでしょうか? ガラスにアルミ箔を貼っても鏡にはなりませんから、これでは像が曇ったり歪んだりするような気がします。しかし、実際にはアルミ箔で補修した部分の像はクリアです。明るさが若干落ちる程度で、曇りや歪みはありません。それどころか、腐蝕を除去した部分に銀やアルミ箔がなくても、ファインダー像は欠落しません。除去した部分は暗くなりますが、像自体はクリアです。裏に何もない剥き出しのガラスの状態でも、きちんと反射してくれるのです。ここでアルミ箔を使っているのは、アルミ箔に鏡の替わりをさせるためではなく、剥離部分の明るさの低下を最小限に留めるためです。

3 アルミ箔を乗せた状態でプリズムを取り付ける。

プリズムの取付位置が正確でないと、スクリーンの枠が外れるので注意。

4 新しいモルトを貼り付ける。

メモ

このモルトは、シューを付けた状態でカメラをぶつけるなどして、シュー台座に衝撃が掛かったとき、プリズムを保護するためのものではないかと思われます。プリズム自体はプリズムを押えで固定されているので、モルトはなくても済むかもしれません。ただし、ここではアルミ箔で腐蝕をカバーしているので、ストロボの接点の絶縁が問題になります。完全に絶縁するためにも、新しいモルトを貼っておきましょう。ゴムやスポンジなど、劣化してもプリズムを腐蝕しない素材に交換しても良いでしょう。

スプリングとワッシャを忘れずに。

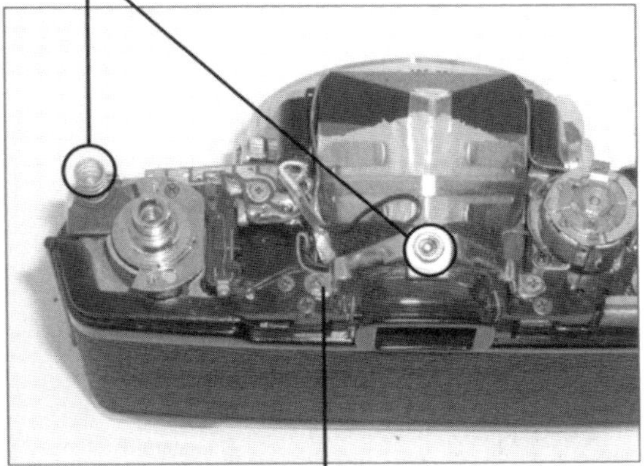

5 シューの台座を取り付ける。

6 トップカバーを被せる。

レリーズボタンの軸をピンセットなどでつまんで、ゆすりながら入れると良い。

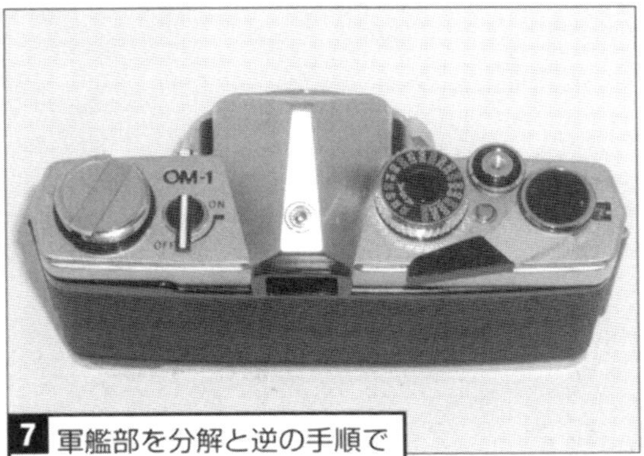

7 軍艦部を分解と逆の手順で組み立てれば完成。

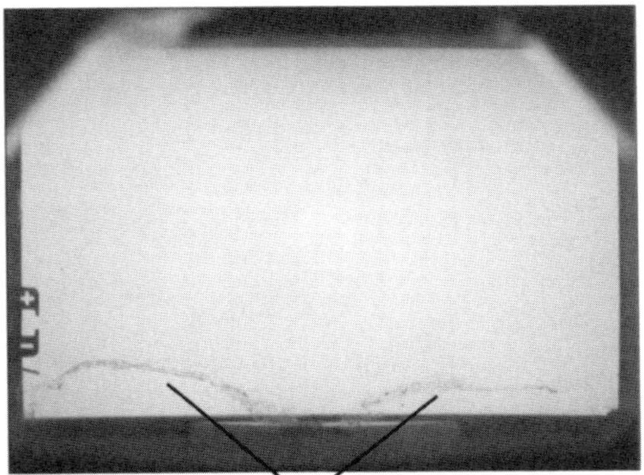

腐蝕部分の境界線は残るが、モヤモヤは消えた。

巻き上げロックの原理

OMシリーズでもう1つ起こりやすいトラブルは、巻き上げのロックです。シャッターがチャージされていない状態で巻き上げレバーが動かなくなってしまうというものです。これは、基本的にパーツの磨耗によって起きる現象のようですが、程度が軽ければ、ちょっとした工夫で直すことができます。ただし、正規の修理ではなく、あくまでその場しのぎですから、副作用が出ることもあります。筆者もここで紹介した方法で磨耗がひどいOM-1を復活させましたが、副作用でモータードライブが使えなくなりました。ひょっとすると、速度やコマ送りにも支障が出るかもしれません。所詮は素人修理ですから、その程度のものだと思ってください。

正常な巻上動作のチェック

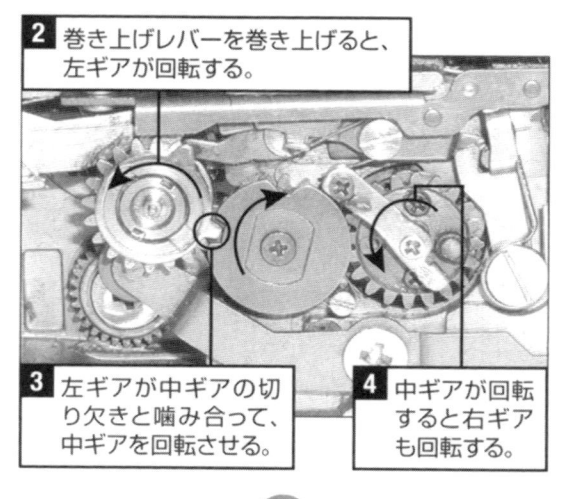

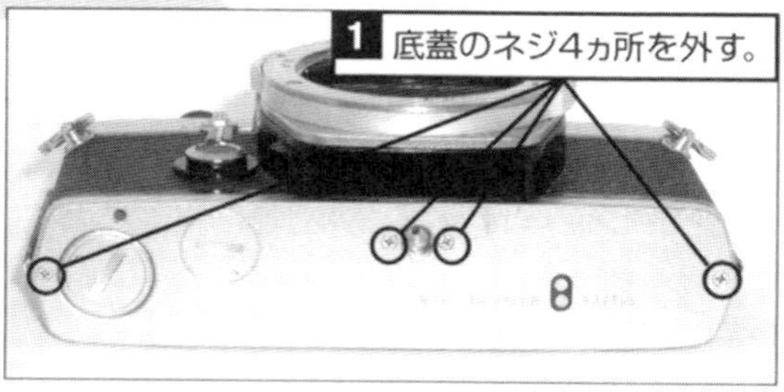

1 底蓋のネジ4ヵ所を外す。

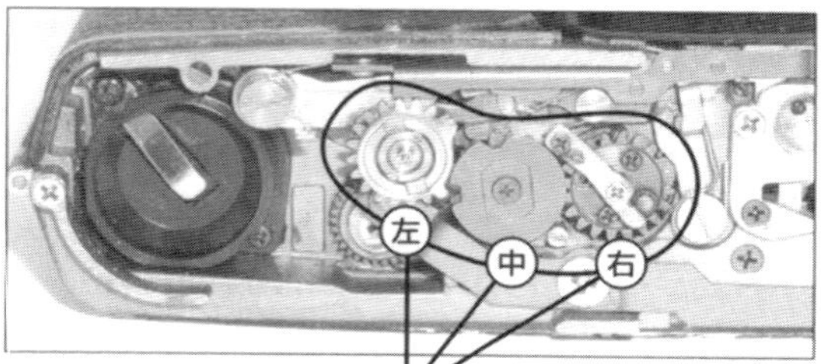
左
中
右

この3つのギアが問題のギア。

POINT
巻き上げロックは
真ん中のギアの切り
欠きの位置が狂う
ことで起こる!

真ん中のギアの2ヵ所の切り欠きの位置に注意。

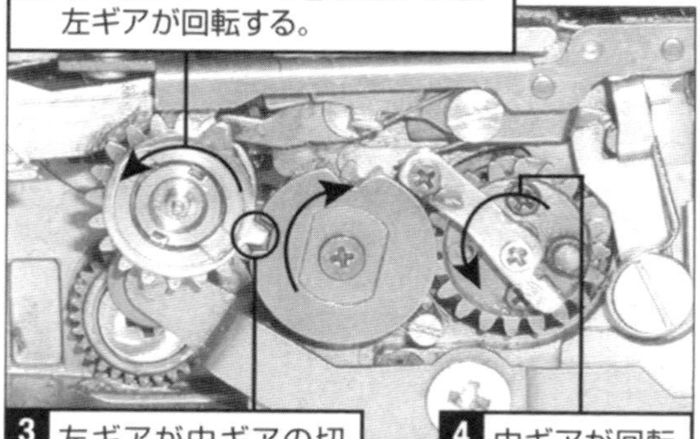

2 巻き上げレバーを巻き上げると、左ギアが回転する。

3 左ギアが中ギアの切り欠きと噛み合って、中ギアを回転させる。

4 中ギアが回転すると右ギアも回転する。

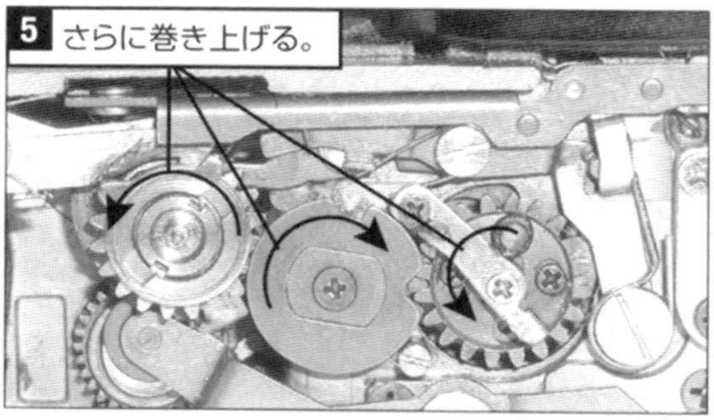

5 さらに巻き上げる。

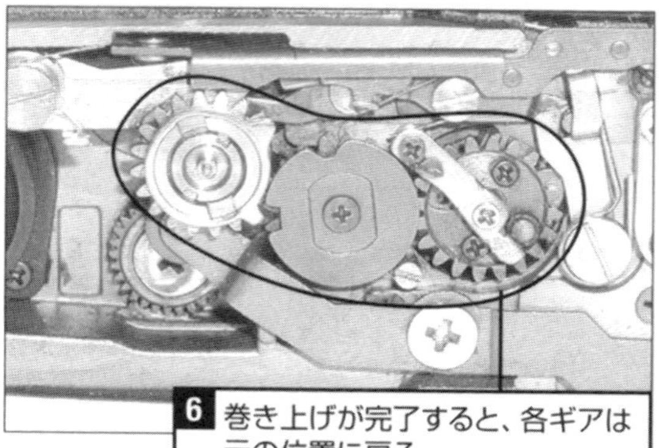

6 巻き上げが完了すると、各ギアは元の位置に戻る。

巻き上げロック状態への対処

巻き上げがロックするときは、左ギアと中ギアの切り欠きが噛み合っていない。

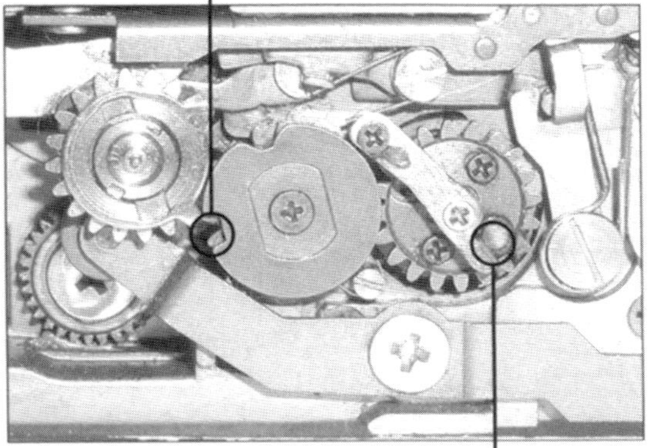

原因はこのストッパー部が磨耗してしまっているため。

メモ

ストッパー部が磨耗すると、右ギアが時計方向にわずかにオーバー目に回ります。それに合わせて中ギアが反時計方向にわずかにオーバー目に回ります。このため、ギアの開始位置がずれてしまいます。

1 このネジを反時計方向に回して外す（順ネジ）。

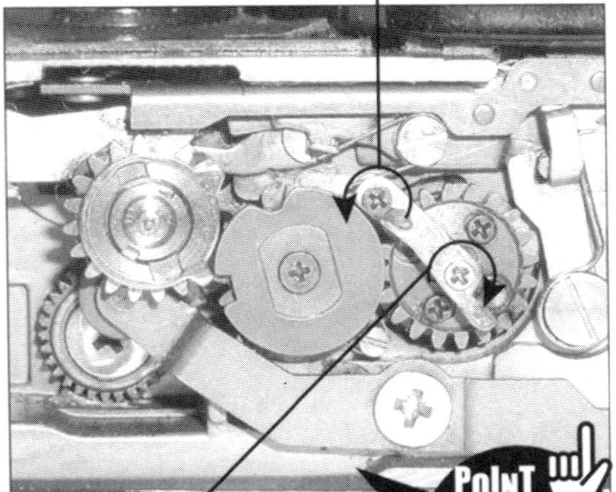

2 このネジを時計方向に回して外す（逆ネジ）。

POINT 逆ネジに注意！

メモ

ネジを保管するとき、どちらがどちらのネジか判るようにしておいてください。ちなみに、この機体では銀色のネジが真ん中のネジ（逆ネジ）で、黒いネジが端のネジ（順ネジ）です。

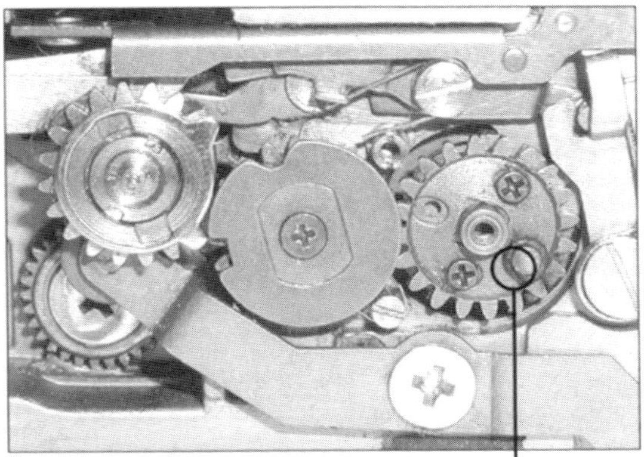

この部分の磨耗が不具合の原因。ここを太らせることができれば問題ないのだが…

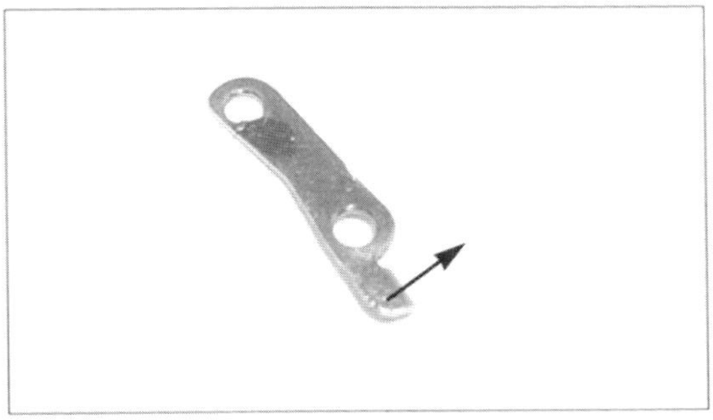

3 この部分を矢印方向にねじ曲げて、ストッパーの磨耗分を補うようにする。

注意

この金具は、元々矢印方向に曲がるようにも、曲げるようにも作られていません。加工は慎重に行ってください。力任せに曲げると折ってしまいます。

真ん中のギアの取り外しと取り付け

場合によっては、中ギアがおかしな位置に固定されてしまい、動かなくなることがあります。その場合は中ギアを一度取り外して、正しい位置に取り付け直すことになりますが、このギアの内側にはバネが入っているため、取り付けにはコツが必要です。

1 真ん中のネジを取り外す（順ネジ）。

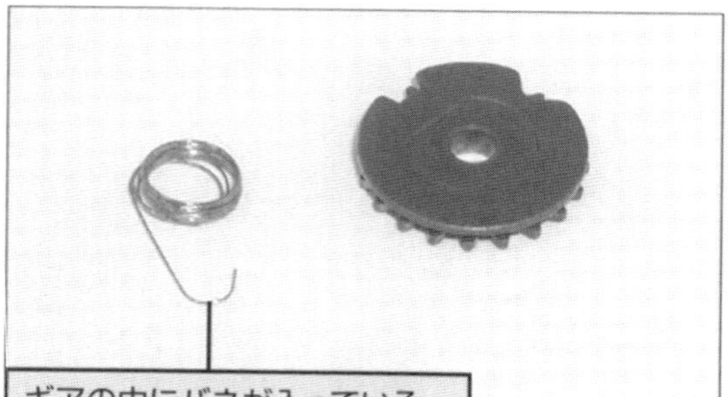

ギアの中にバネが入っている。

2 バネの端のヒゲをギアの内側のミゾに差し込む。

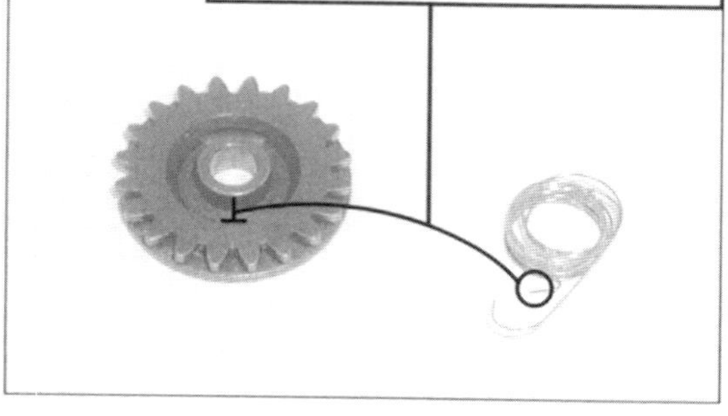

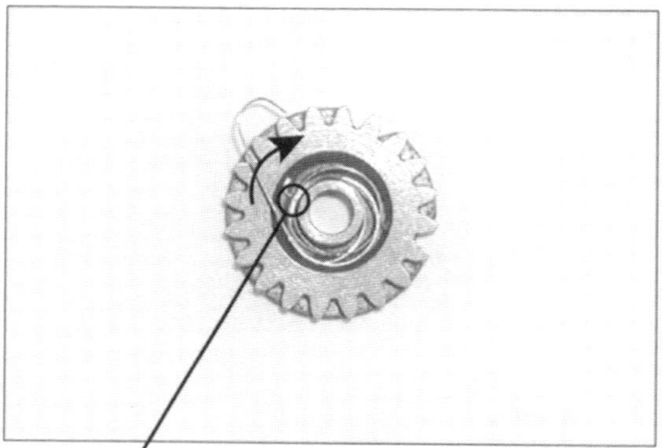

ヒゲをミゾの中にしっかり収める。

この段階では切り欠きの位置がおかしくても良い。

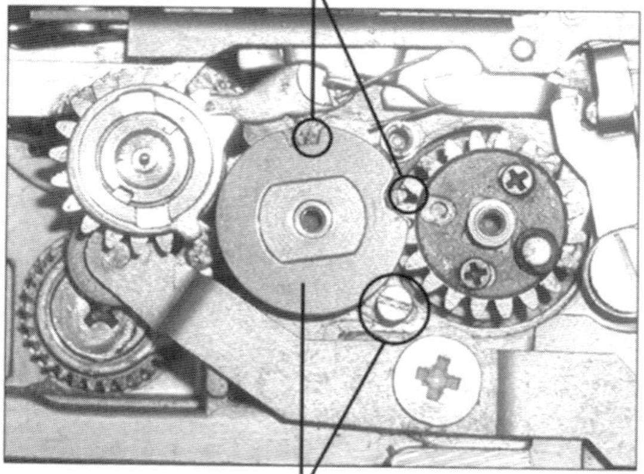

3 バネの端をピンにかけてからギアをはめ込む。

メモ

このバネも取れやすいので注意してください。瞬間接着剤でバネのヒゲをギアに固定すると作業が少し楽になります。

4 ギアを浮かして噛み合わせを外しながら時計方向に回し、切り欠きを正しい位置に持ってくる。

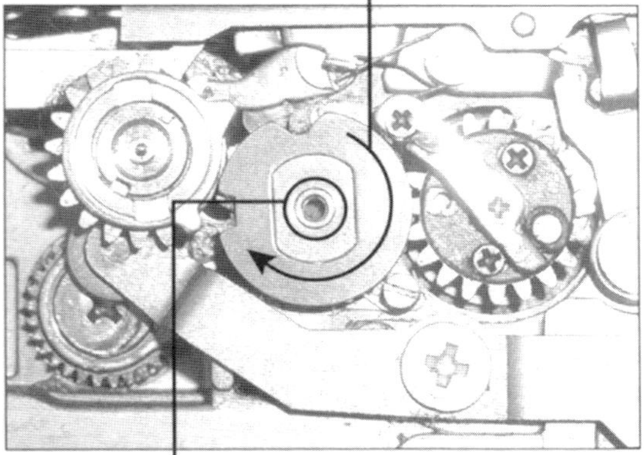

5 真ん中のネジを止めれば取り付け完了。

コラム

巻き上げスリップ

OM-1の巻上系のトラブルでもう1つ典型的な症状が、巻き上げのスリップです。これは基本的に、巻き上げレバーの下のギア部分の噛み合わせの問題だと思われます。この症状が起きた筆者の機体の場合、この部分のギアをマイナスドライバで押えながら噛み合わせをチェックしていたら、**勝手に直って**しまいました。このため、正確な原因や対処法はわかりません。巻き上げスリップ機体に出くわしたら、とりあえず巻上ギアをチェックしてみてください。

コラム

OM-2SPの巻き上げロック

この巻き上げロックは初期OMシリーズ共通の症状のようです。メーカーもこの問題には気が付いていたようで、新しい機種ではそれなりに対策が取られています。たとえば、OM-2SPでは問題の中ギアと右ギアがユニット化されています。ユニット化していても巻き上げロック自体は起きますが、対処が非常に簡単になっています。

a 中ギアと右ギアがユニット化されている。

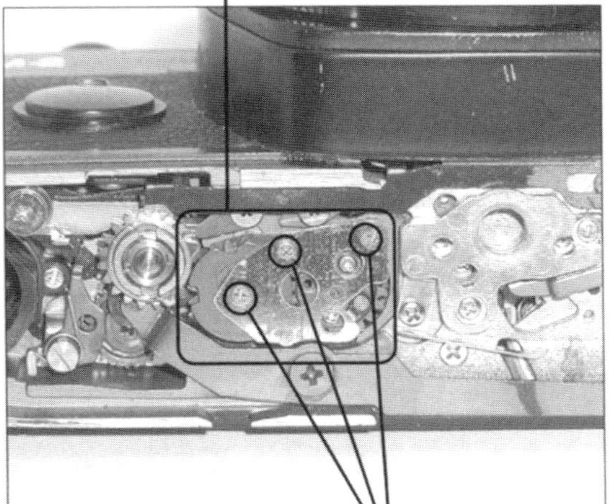

b 巻きあげがロックしてしまったときは、この3本のネジを外してギアのユニットを取り出す(すべて順ネジ)。

取り外したユニットを取り付け直すだけで直ることが多い。

OM10からのプリズムの取り出し

最後に、OM10からプリズムを取り出す方法を説明します。OM10はOM-1/OM-2の下位機種なので、基本構造は比較的似ていますが、随所に相違点もあり、分解・再組立にはコツが必要になります。難しいというほどではありませんが、下調べなしにやろうとすると、意外に手こずると思います。なお、OM10は原則的にスクリーンの交換ができないので、プリズムにゴミが混入したり、カビが生えたりした場合も、この方法でプリズムを取り出して清掃してください。

巻き戻し軸の分解

1 裏蓋を開ける。

3 巻き戻し軸のアタマのネジを外す。

POINT 何でも同じだと思って分解すると壊れる!

2 巻き戻し軸のミゾにドライバを差し込んで固定する。

注意

OM-1やほかのカメラと違い、OM10では分解の際に巻き戻しレバーを回してはいけません。必ずネジを回してください。無理に巻き戻しレバーを回すと壊れます。

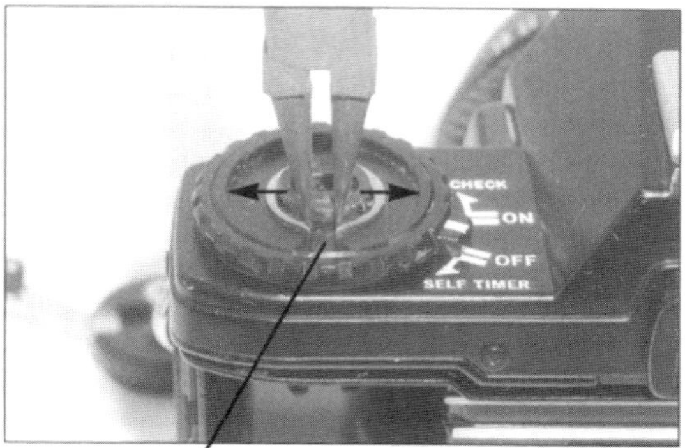

4 Cリングを先細プライヤなどで広げる。

5 マイナスの精密ドライバを2本使ってCリングを外す。

メモ

Cリングを外したりはめたりするにはコツが必要です。うまくできないときはスナップリングプライヤを使って下さい。

6 電源スイッチを取り外す。

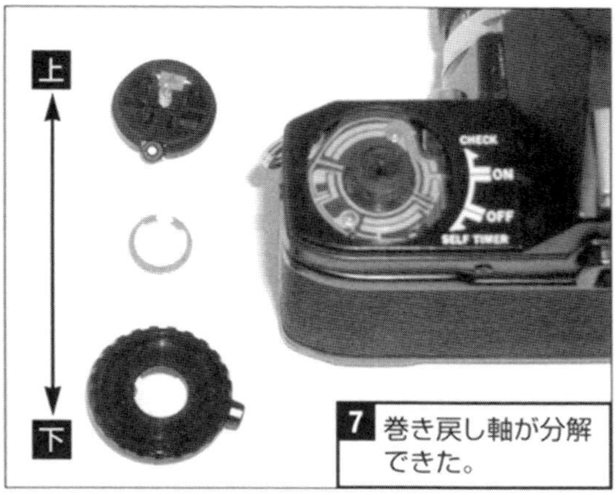

7 巻き戻し軸が分解できた。

コラム

ゆるゆるスイッチ

OM10固有の症状として、電源スイッチがゆるくなって、きちんと固定されないという不具合が知られています。これは、電源スイッチの裏側の板バネがゆるむことで起きる症状のようです。ただし、ここで扱っている機体を見る限り、この構造でバネがゆるむのは少々考えにくいです。ひょっとすると、この機体ではすでに対策済みなのかもしれません。

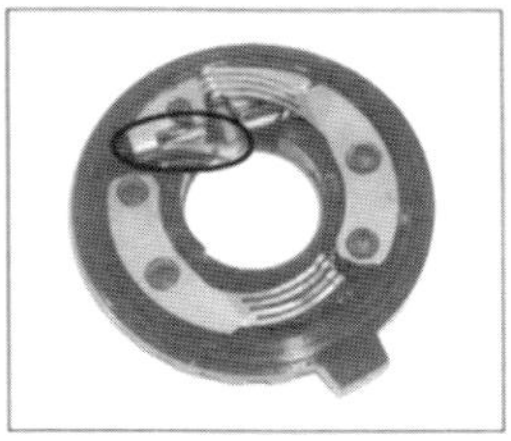

巻上軸の分解

1 OM-1同様、巻上軸の円盤を反時計回りに回して外す。

2 巻上軸を上から順に分解する。非常に単純な構造。

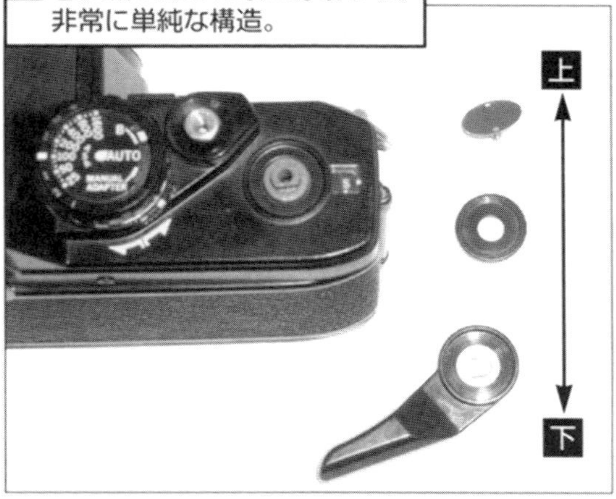

トップカバーを開ける

1 トップカバーのネジ4ヵ所（アイピースの左右2ヵ所、ボディ側面2ヵ所）を外す。

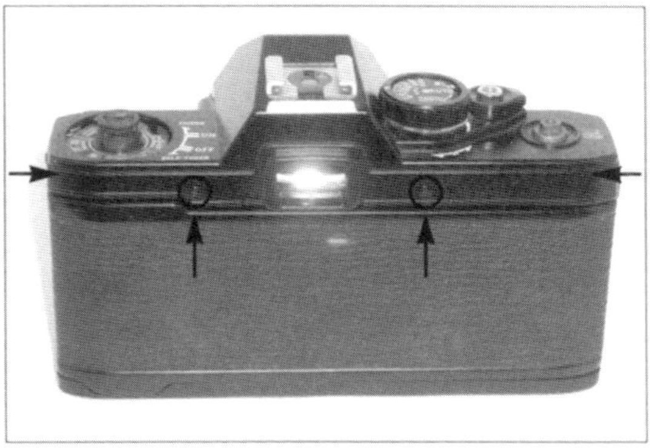

2 前面のロゴの下のネジ2ヵ所を外す。

3 トップカバーをゆっくり持ち上げる。

POINT やっぱりバネ跳びに注意!

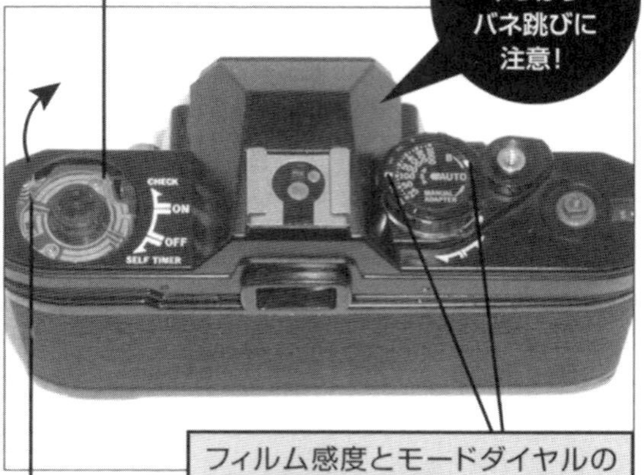

フィルム感度とモードダイヤルの位置はきちんとメモしておくこと。

ここにスプリングが入っているので注意。

スプリングをなくさないように保存する。

レリーズボタンも外して保存しておく。

4 配線を切らないように慎重にトップカバーを開ける。

メモ

OM10でも、このスプリングは極めてなくしやすい、厄介なパーツです。組み立て直す際にも非常に面倒です。筆者はなくさないよう、瞬間接着剤でボディに固定しています。

5 感度ダイヤルをデジカメで写しておく。

注意

真ん中の白いリングのミゾの位置と、周囲のオレンジの円盤の切り欠きの位置は極めて重要です。必ず、デジカメで状態を記録しておいてください。

感度ダイヤル基板の分解

1 感度ダイヤルの真ん中のネジを外して、ダイヤルを取り外す。

2 基板を止めているネジを外す。

3 基板を慎重にめくり上げる。

4 このネジを外す。

5 このネジは外さず、少しゆるめるだけでよい。

メモ

分解してみればわかりますが、OM10のプリズムはプラスチックのカバーで覆われており、周りにはモルトは使われていません。このため、原則的にOM10ではプリズム腐蝕は発生しません。入手したOM10のプリズムが腐蝕している場合は、すでにOM-1と交換されている可能性があります。

プリズムの取り出し

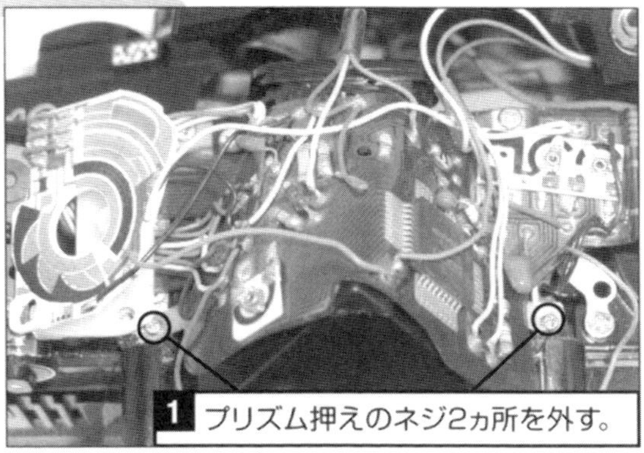

1 プリズム押えのネジ2ヵ所を外す。

2 プリズム押さえを取り外す。

3 プリズムをカバーごとゆっくりと手前に引き出す。

プリズムカバー。

4 これでプリズムが取り出せた。

OM10再組み立ての際の注意点

OM10は分解は比較的簡単ですが、再組み立ては意外に面倒です。特に、以下の点には十分に注意してください。

感度ダイヤル基板の組み立て

1 感度ダイヤルの基板を組み立てる際は、まず、このネジをゆるめに仮止めしておく。

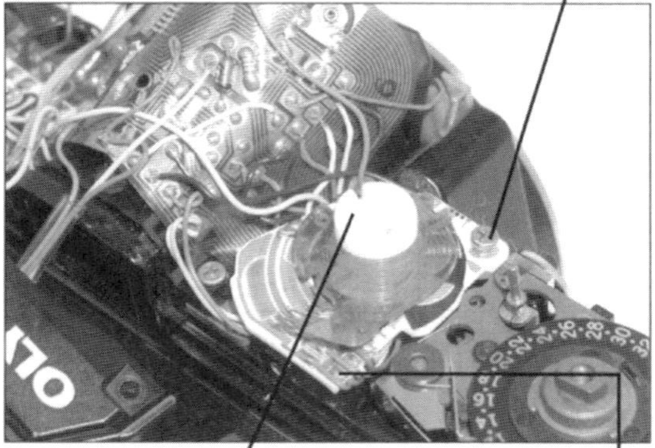

2 ダイヤルを基板の穴にきちんとはまり込むようにかぶせる。正常にはまるとコツンとはまり込む感触があるのでわかる。

うまくはまらないときは、基板を少しゆすりながら位置を調整する。

3 ダイヤルが正常な位置になったら、ネジをきちんと奥まで止める。

4 最後に基板のネジを止める。

5 デジカメで撮影した記録を元に、ダイヤルの位置を元の位置に戻す。

メモ

ダイヤルが正常にはまり込んでいない場合、真ん中のネジを止めると、ダイヤルが動かなくなります。

トップカバーの取り付け

1 レリーズボタンは必ず出っ張りが裏蓋側に向くようにはめる。

2 トップカバーをかぶせるときは、レリーズボタンがきちんと穴にはまりこむように、上からドライバなどでつついてレリーズボタンの位置を調整する。

メモ

トップカバーがうまくはまらないときは、プリズムの位置が狂っていることがあります。再度確認してください。

巻き戻し軸の取り付け

1 このミゾと出っ張りを合わせてからネジで止める。

コラム

スクリーン交換

先ほど、OM10はスクリーンを交換できないと書きましたが、実は不可能ではありません。ミラーの緩衝用モルトとプラスチックのカバーを外すと、スクリーンを取り外せます。また、OM-1用のスクリーンのタブを削れば、そのままはめ込むことも可能です。望遠系の全面マットスクリーンを使いたいときなどに便利でしょう。ただし、この方法はスクリーンに傷を付ける可能性も低くないので、くれぐれも慎重に作業してください。

1 ミラーの上のモルトを剥がす。

2 ここのプラスチックカバーを剥がす（接着剤止め）。

3 このネジを外してスクリーンの止め金具を外す。

4 スクリーンを取り出す。

2-3

Pentax SV

■発売年月	1962年7月
■標準価格	34,900円(55mm/F1.8付)
■型式	フルメカニカル機
■マウント	M42マウント
■測光方式	(外部メーター)
■シャッター	機械制御横走り布幕シャッター(最速1/1000")

Pentax SVは1962年7月に発売された非常に古いカメラです。ほとんどクラシックカメラの領域に近づいていますが、まだまだ十分実用になる実力を備えています。レンズは流通量の豊富なM42マウント（自動絞り対応）で、露出計は内蔵していません。もちろん、フルメカニカル機ですから、メンテナンス次第で半永久的に使えます。古いカメラにとって、電気系を持たないことは非常に大きなメリットなのです。なお、SVにはオプションとして専用のCdSメーターが用意されていました。

専用のCdSメーターを被せたところ

SVは当時としては「小型・軽量・廉価」な一眼レフでした。当時の他社の同クラス機と比べ、価格も重量も8割くらいでした。したがって、数的にはかなり売れたようで、今でも中古市場に比較的多く出回っています。しかし、その大半は故障品で、ジャンクワゴンやオークションなどでは1,000～2,000円程度で取り引きされています。一方、程度の良いものは比較的少なく、かなりの高値で取り引きされるようです。

元来、SVはシンプルで故障しにくい構造をしていますが、このように故障品が多いのは、シャッター幕やリボンの耐久性の問題のようです。リボンが切れたり、シャッター幕が破れたりすると、巻き上げすらできなくなることがあります。逆に言えば、シャッター幕さえ張り替えられれば生き返る機体が多いということです。素人にはやさしい作業ではありませんが、挑戦する価値はあるでしょう。

SVは非常に「お行儀の良い」構造をしているので、きちんとした手順を踏めば、素人でもそれほど苦労せずに分解できます。ただ、CT-1やOM-1と比べると部品点数も多いので、いい加減な気持ちで分解を始めると収拾がつかなくなります。気を引き締めて取り組んでください。なお、SVは製造時期によって構造のやや異なる2種類（以上）のバージョンがあるようです。ここで扱っているのは比較的後期の機体だと思われますが、前期型でも基本構造は同じです。

分解の目的

■ファインダーの清掃
■シャッター幕の張り替え

必要な工具

■ドライバ各種（マイナスドライバ中心、超精密ドライバも必要）
■カニ目レンチ
■シャッターオープナー
■ピンセット
■シャッター幕、アルミ板、エナメル塗料（シャッター幕張り替え用）

トップカバーを外してプリズムを取り出す

SVは比較的素直な構造をしているので、トップカバーを開けるのもそれほど難しくはありません。分解の際に問題になるのは、フィルムカウンタを止めているネジが逆ネジであることくらいで、あとはすんなりと分解できます。ただし、マイナスネジが多用されていることと、古くなっているためネジが固着して外れにくくなっていることに注意してください。

巻き戻し軸の分解

1 裏蓋を開ける。

2 巻き戻し軸の又にドライバを差し込んで固定する。

3 巻き戻しクランクを反時計回りに回して外す。

このポッチの位置を忘れないようにメモしておく。

4 台座のカニ目を反時計回りに回して外す。

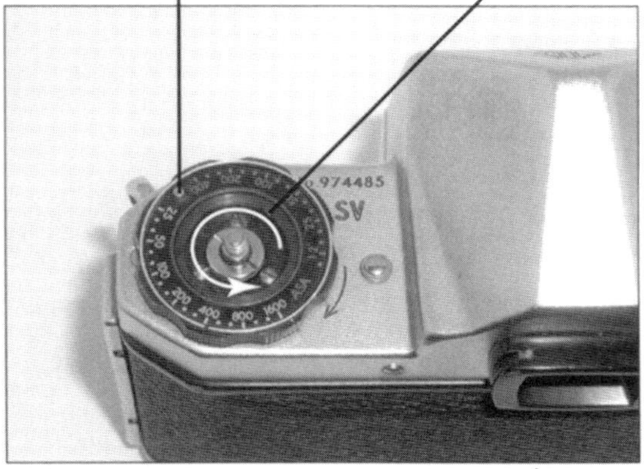

5 ネジを3ヵ所外す。

このリングは取り外さない。

メモ

台座のリングにはストッパーの鋼線が入っているので、自然に抜けることはありません。力を加えればはずれますが、外すと巻上軸がフィルム室の中に落ちてしまうので注意してください。

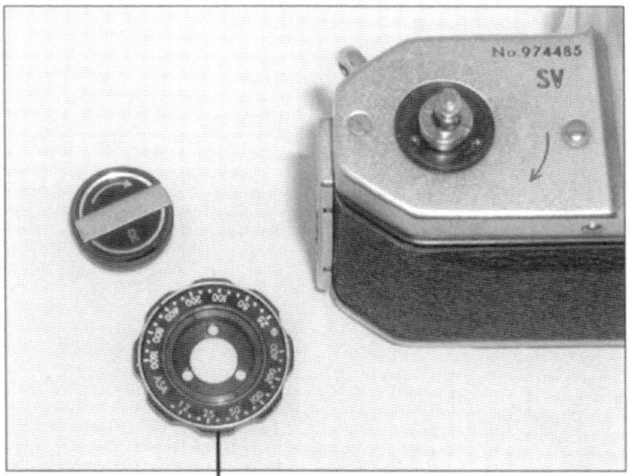

6 フィルム感度ダイヤルを取り外す。

巻上軸の分解

1 巻上軸のカバーのネジ3ヵ所をゆるめて、カバーを取り外す。

注意

このネジはかなり小さなネジなので、通常の精密ドライバセットでは適合するサイズがないこともあります。その場合は超精密ドライバセットを購入してください。なお、この3ヵ所のネジは完全に外す必要はありません。ネジのアタマがカバーの外に出る程度にゆるめれば、カバー自体は外せます。

2 このネジを**時計回り**に回して、フィルムカウンターを外す。

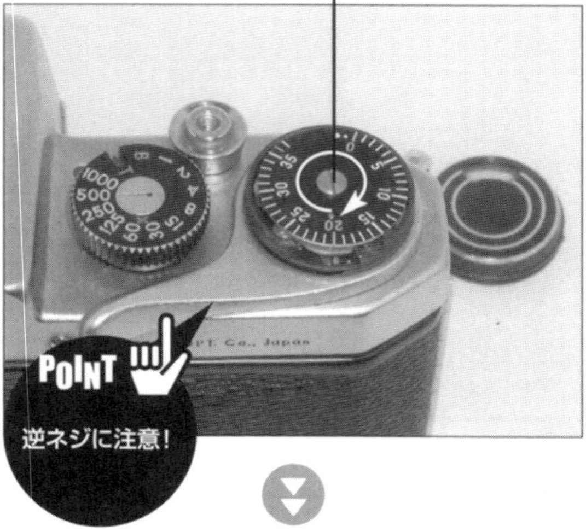

POINT 逆ネジに注意!

3 ストッパーを押さえる。

4 ギアを取り外す。

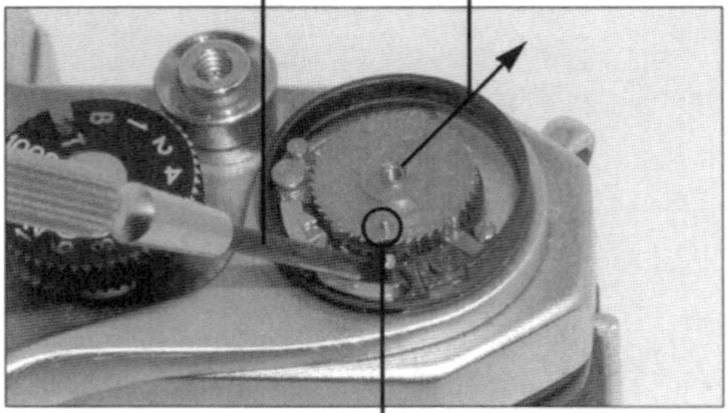

このポッチの位置を忘れないようにメモしておく(フィルムカウンタの「20」の位置にある穴にはまる)。

5 ここのカニ目を反時計回りに回して外し、下の金具も取り出す。

この金具の位置関係はしっかり記録しておくこと。

6 このカバーを外す。

このレバーを引っ張ると外しやすくなる。

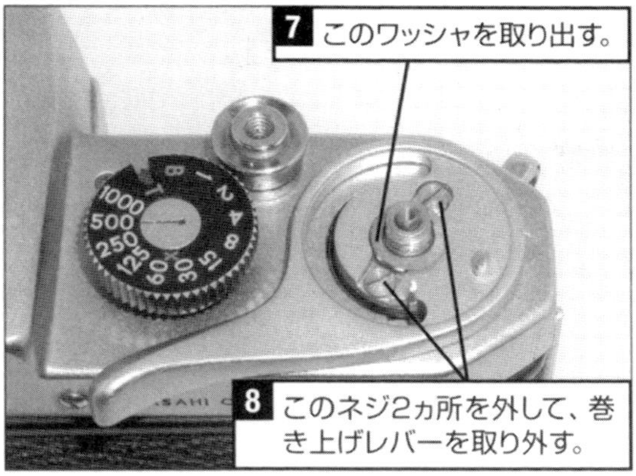

7 このワッシャを取り出す。

8 このネジ2ヵ所を外して、巻き上げレバーを取り外す。

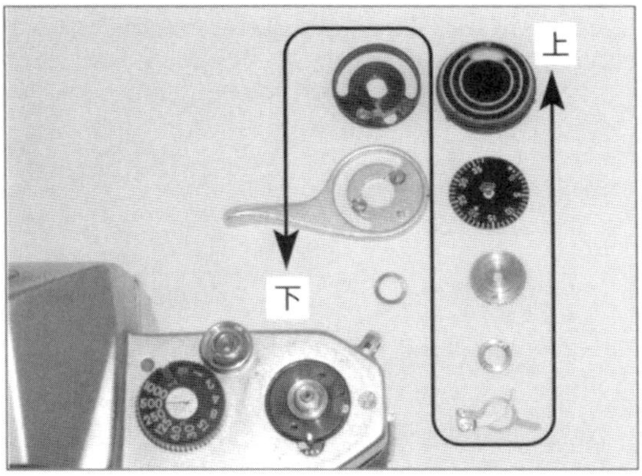

SVの巻上軸を分解したところ。部品が多いので順番を間違えないように。

シャッターダイヤルの分解

1 シャッターダイヤルの周りにあるネジ3ヵ所をゆるめて、ダイヤルを外す。

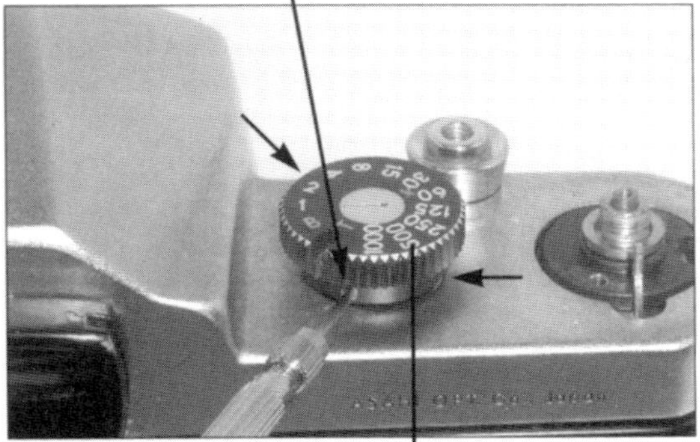

速度の位置はきちんと覚えておくこと。

注意

ネジを外すとき、シャッターダイヤル自体を回さないようにしてください。ダイヤルを回してしまうと、組み立て直すときに正しい位置が判らなくなるからです。うっかり動かしてしまった場合は、X接点のクリックを目安に位置を更正します。ほかの位置は等間隔ですが、X接点は1/30"と1/60"の間にあるため、ここだけクリックの位置の間隔が異なっています。

トップカバーを外す

1 トップカバーを止めているネジ4ヵ所を外す。

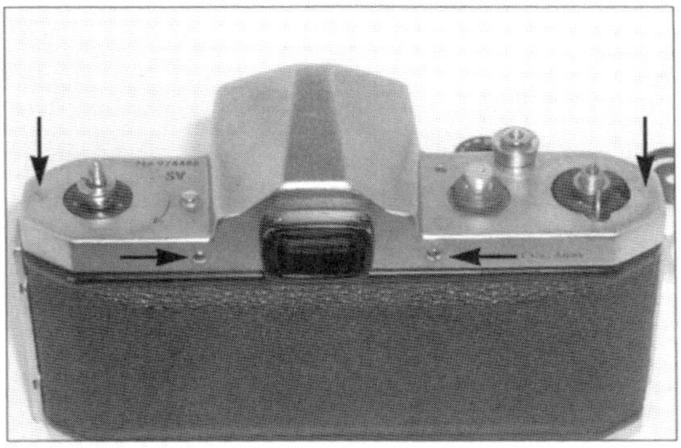

2 トップカバーを持ち上げる。

シャッターボタンが落ちてくるので注意する。

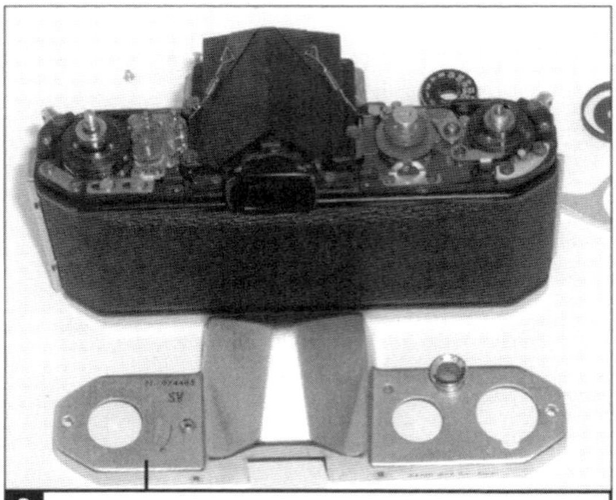

3 トップカバーが外れた。電池ボックスもホットシューもないので配線は一切ない。

プリズムユニットの取り外し

1 プリズムユニットを止めているネジ3ヵ所を外す。

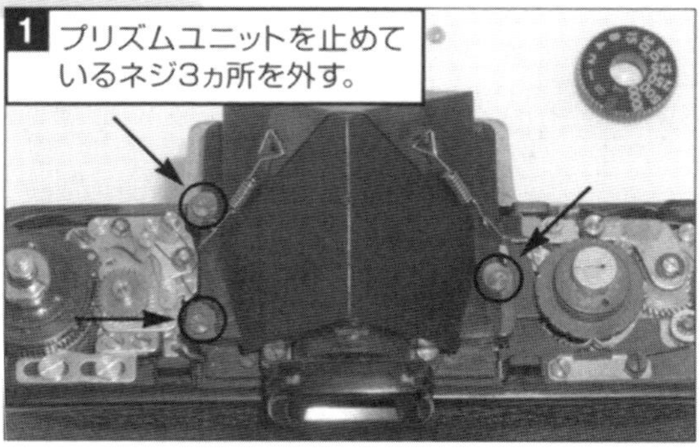

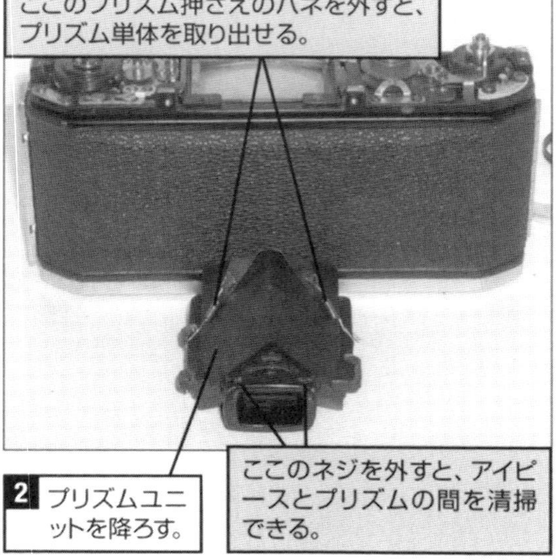

ここのプリズム押さえのバネを外すと、プリズム単体を取り出せる。

2 プリズムユニットを降ろす。

ここのネジを外すと、アイピースとプリズムの間を清掃できる。

2 プリズムの内側を清掃する。

メモ

SVのプリズム周りにはモルトプレーンは使用されていないので、プリズムが腐蝕することはほとんどありません。ただし、メカの隙間からゴミや虫が入り込んでしまうことがあります。SVのファインダー系は、フレネル板、コンデンサレンズ、プリズム、アイピースと、完全に分解できるので、掃除は比較的楽です。

スクリーンの取り外し

1 金属の枠、コンデンサーレンズ、スクリーン（フレネル板）の順番で取り出す。

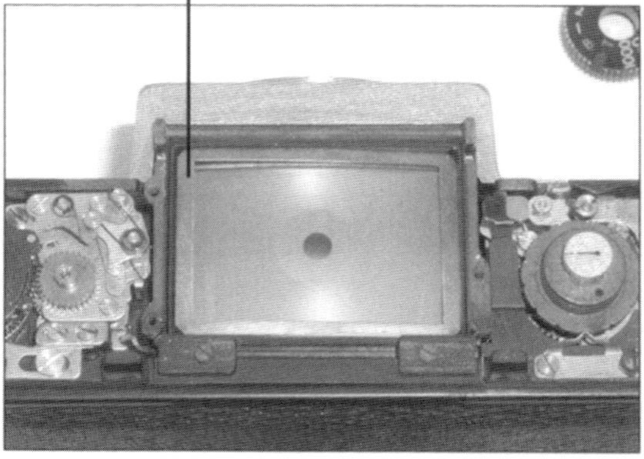

キーワード

コンデンサーレンズ

集光レンズ。ファインダー像を均等に明るくするためのもの。最近では省略されている機種も多い。また、プリズムの底部を湾曲させてコンデンサーレンズの代わりをさせることもある。

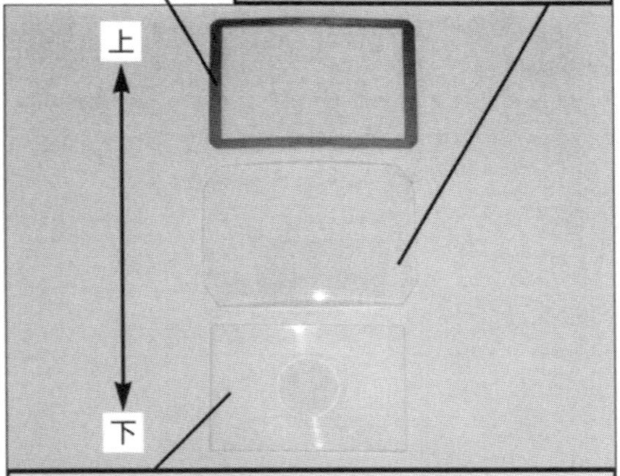
金属の枠。
コンデンサーレンズ。膨らんでいるほうが上側。
上
下
フォーカシングスクリーン。フレネル(細かなミゾ)が刻まれているほうが上側。

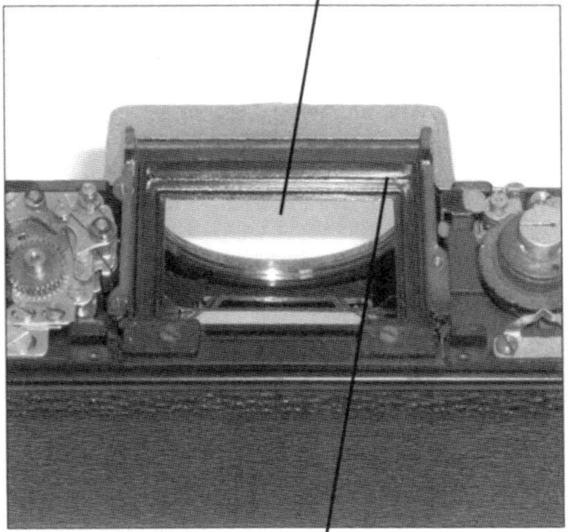
スクリーンを取り外すと素通しになる。
この金属枠も取り出せる。

ミラーボックスの取り外し

安く取引されているSVには、シャッターが切れなくなっている機体や、シャッター幕が正常に出てこない機体が多く見られます。こうした症状の原因は、多くの場合シャッター幕にあるようです。シャッター幕を張り替えれば直る可能性もありますが、そのためには、ミラーボックスを取り外す必要があります。

前板を外す

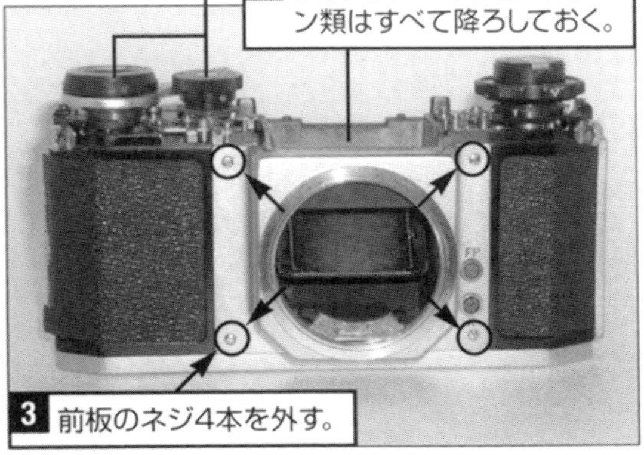
1 作業に入る前に、巻上軸、シャッター軸、巻き戻し軸を仮組みしておく。こうしておけばパーツをなくす心配もないので便利。
2 プリズムユニットとスクリーン類はすべて降ろしておく。
3 前板のネジ4本を外す。

4 前板を取り外す。
前板とボディの間に入っているスペーサーはなくさないように!

コラム

SVにレンズを噛まれたら

SVには「レンズに噛み付く」という変な癖があります。正確な原因は不明ですが、レンズの絞りピンか絞り連動レバーが、ボディの絞りプレートに引っかかるような感じになります。この症状が出たら、レンズを引っ張りながら左右に根気良く回すと外れことがありますが、症状がひどいようなら前板を外してみると良いでしょう。

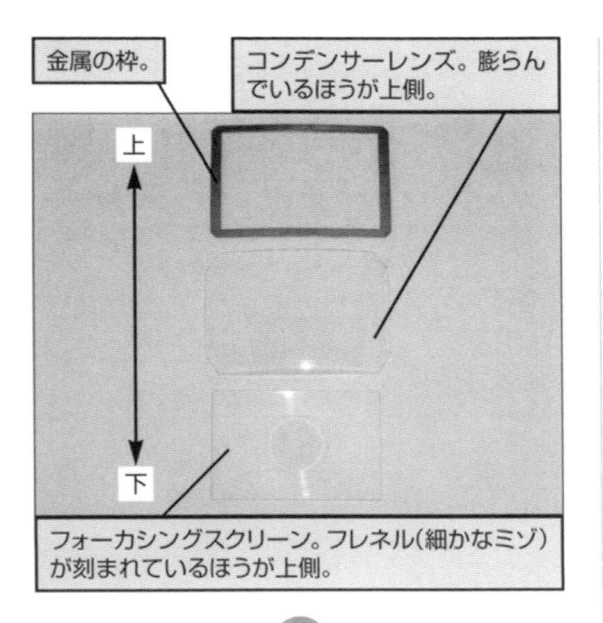

スローのギアボックスを取り外す

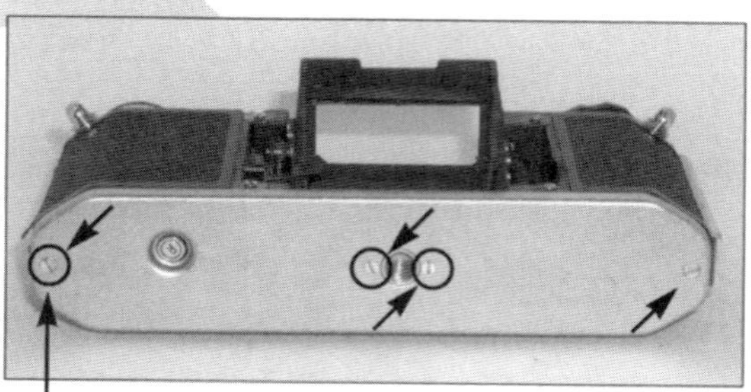

1 底蓋のネジ4ヵ所を取り外す。

2 ギアボックスを止めているネジ2本を外す。

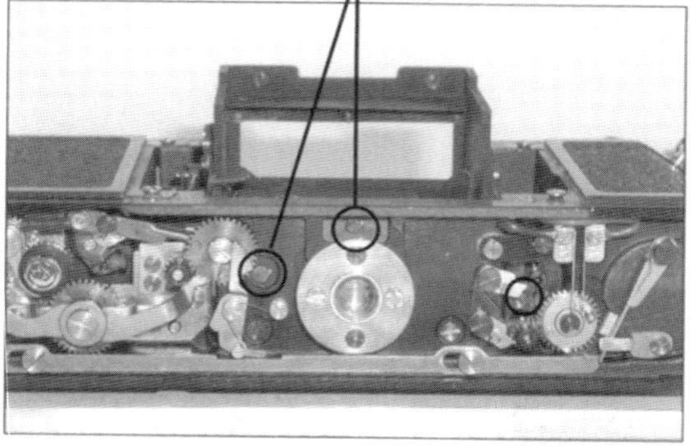

この軸がギアボックスの溝にはまる。

3 ギアボックス(スローガバナ)を取り外す。

キーワード

スローガバナ

一般に、フォーカルプレーンシャッターはシンクロ速度(幕の走行する秒時)を境に、低速側と高速側でシャッターの制御機構が異なる。スローガバナは低速側の制御機構で、複数のギアとバネの組み合わせで時間を調節することが多い。

ミラーボックスを取り出す

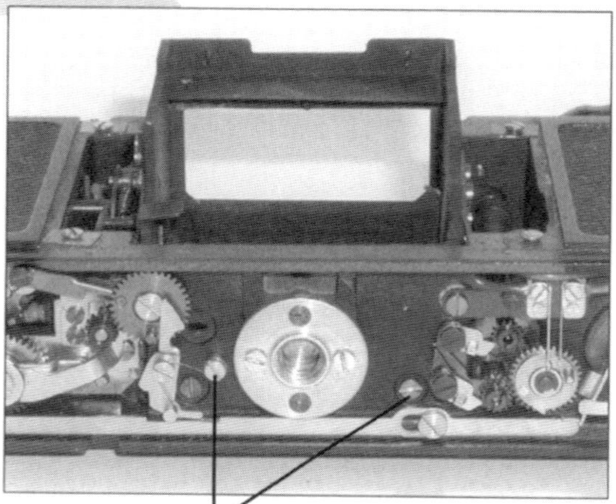

1 ミラーボックスを止めている底部のネジ2本を外す。

注意

左側のネジはシャッターを巻き上げた状態にしないと金具の下になって外せません。

コラム

ミラーの傷

SVにはミラーが傷だらけの機体も多いのですが、ミラー表面に傷があっても意外にファインダー像には影響が出ないようです。手で陰を作って(散乱光をカットして)ミラーを正面から覗いてみてください。傷の影響はほとんどなく、像がはっきりと映るのがわかると思います。もし、この状態で覗いても像が曇るようであれば、ミラーを交換したり、表面を超微粒子の研磨剤で磨いてみたりするなど、いろいろと試してみてください。なお、一眼レフの反射ミラーには「表面鏡」という特殊な鏡が使用されています。一般の鏡では代用できないので注意してください。表面鏡は万華鏡や天体望遠鏡を扱っているお店で入手できるようです。

2 ミラーボックスを止めている上部のネジ2本を外す。

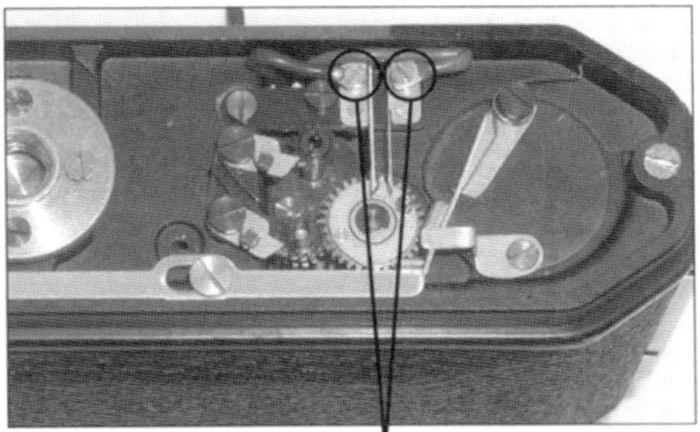

3 底部のリード線を止めているネジを外す。

4 ミラーボックスが外れる。

注意

ミラーボックスの取り外しと組み立ての際に注意すべきことは、以下の2点です。

この円柱とその上のツメの位置関係に注意。組み立てる際、ツメが円柱の下になると正常に動作しなくなってしまう。

ミラーボックスから出ているフックがギアと噛み合っている点に注意。ミラーボックスを取り出す際は、ここを上手に外すこと。

シャッター幕の動作チェック

ミラーボックスの取り出しまでは、それほど難しくはなかったと思います。しかし、問題はこれからです。Pentax SVを分解してみようとするユーザーの多くは、シャッター系の故障（巻き上げができない、シャッター幕が出てこない等）を何とかしたいと考えていることでしょう。ここまでくれば、それらの修理も不可能ではありません。もちろん、きちんとした精度を出すにはウデも計器も必要になりますが、とりあえず写真が撮れれば良いという程度ならば、素人でも何とかなります。巻き上げレバーが動く場合は巻き上げた状態、動かない場合はそのままの状態で、次のように作業してださい。

シャッター幕の動作チェック

1 レリーズプレート（シャッターボタン）を押す（押したままにする）。

2 このレバー（先幕ブレーキ）を裏蓋側に押す。

3 正常ならばシャッター幕が走る。

メモ

シャッターを切ると、まずミラー系が駆動し、ミラーボックス経由で先幕ブレーキが外れ、先幕が走りながら巻き取り軸が回転し、巻き取り軸が後幕のブレーキを外すと後幕が走り出します。

キーワード

フォーカルプレーン・シャッター

フィルム面の直前で幕（羽根）を走行させる方式のシャッター。スリットを走行させることで幕の走行速度よりも遙かに高速のシャッター速度を実現できるのが特長（77ページ参照）。ごく一部の例外を除いて、一眼レフはすべてフォーカルプレーン・シャッターを採用している。これに対して、レンズユニットの内部にシャッターを組み込んだものを「レンズシャッター」と呼び、コンパクトカメラや一部のレンジファインダー機で使用されている。レンズシャッター方式では1/500"程度が上限だが、フォーカルプレーンシャッター方式では1/12000"を実現している機種もある。

シャッター幕が走らない場合

1 動作チェックと同様に、レリーズプレートを押したまま先幕ブレーキを押す。

2 先幕の軸を時計回りに回す。

3 続いて後幕の軸を時計回りに回す。

4 巻き込まれた幕の端が出てくる。

注意

先幕の軸（奥の方）は、軸の上下の端を回してください。

メモ

先幕・後幕については77ページのコラム参照。

先幕のリボンが切れて、反対側の軸に巻き取られていることもある。

シャッター幕のテンションの調節

1 幕を引っ張る力が弱くて走らないときは、底部のネジを反時計回りに回す。

後幕用

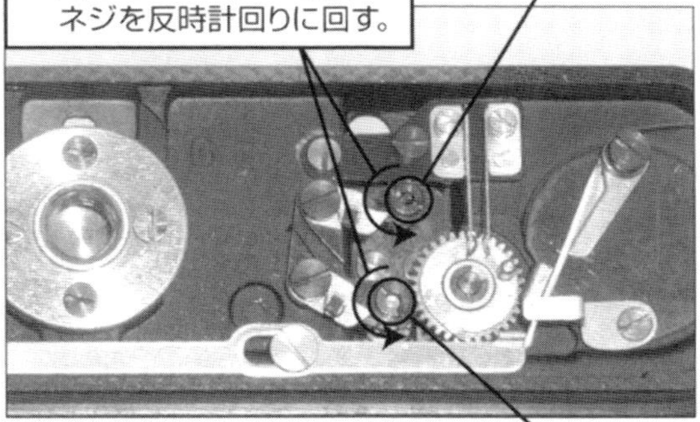

先幕用

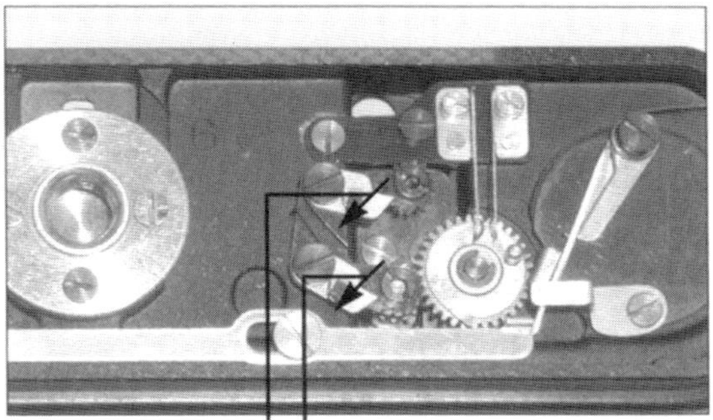

2 逆に強すぎるときは、このツメを手前側に引いて開放する。

メモ

巻き上げ状態の判別

シャッターがチャージされているかどうかは、底蓋の状態を見ればわかります。

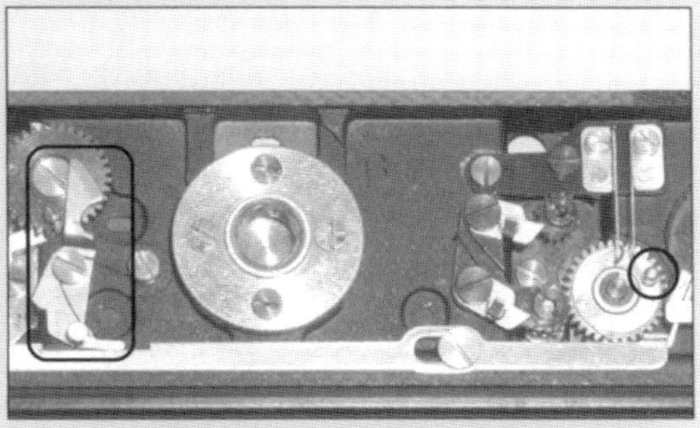

シャッターが巻き上げられている状態

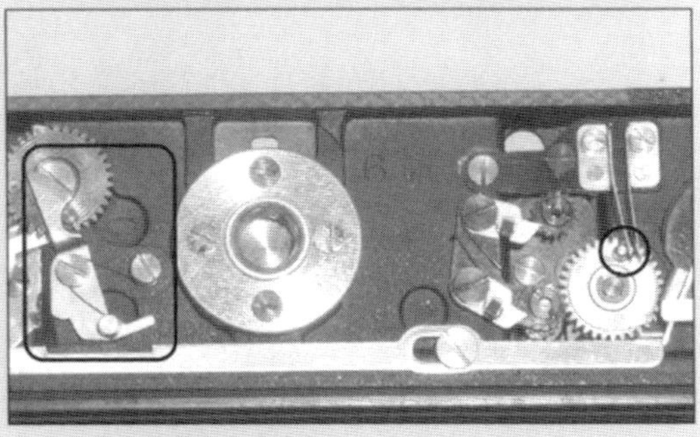

シャッターが落ちた状態

注意

このネジは、本来シャッターの幕速を微調整するものなので、うかつに触ってはいけません。しかし、何らかの理由でシャッター幕が引っ張られなくてなってしまった場合には、ここをねじ上げると再び引っ張られるようにすることが可能です。ただし、この作業は少しずつ慎重に行ってください。

シャッター幕の交換

初期型のSVの中には、経年変化でシャッター幕がべこべこになって、リボンも切れてしまっているものがあります。こうなると、シャッター幕を交換するしか直す方法がありません。しかし、シャッター幕の交換はかなりの技術が必要で、本格的な修理になるので、本書の範囲を越えます。ここでは基本的な方法だけ紹介しておきますので、詳しくは他の修理入門書などを参照してください。

古いシャッター幕を取り去る

1 古いシャッター幕をきれいに取り去る（先幕と後幕の2枚ある）。

メモ

シャッター幕の構造は次のようになっています。この図からもわかるように、先幕よりも後幕のほうが長くなります。

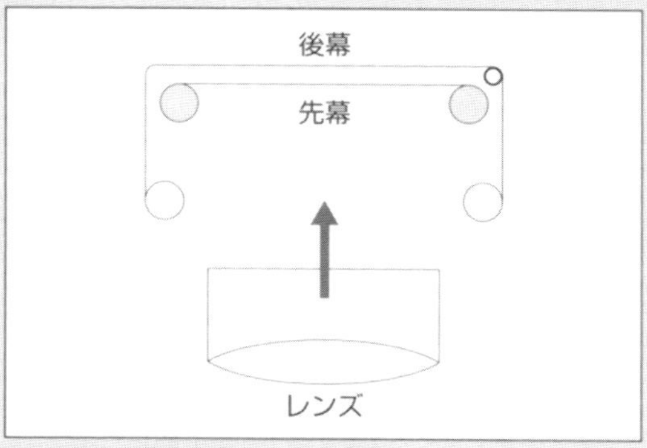

シャッター幕の交換

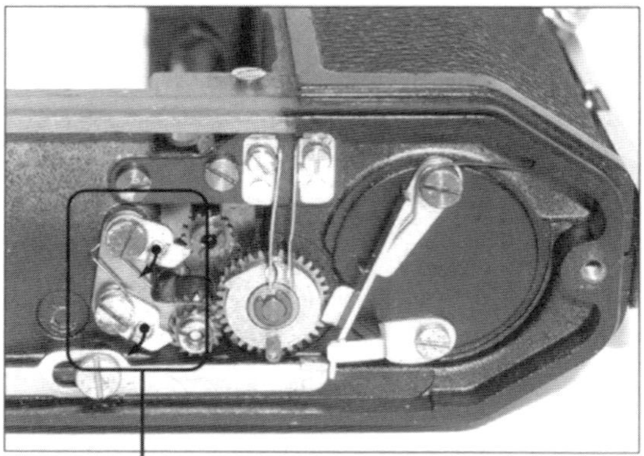

幕にテンションがかかって取りにくいときは、底部のテンション調節ネジを解放する。

取り去ったシャッター幕。要するに、これと同じものを作れば良い。

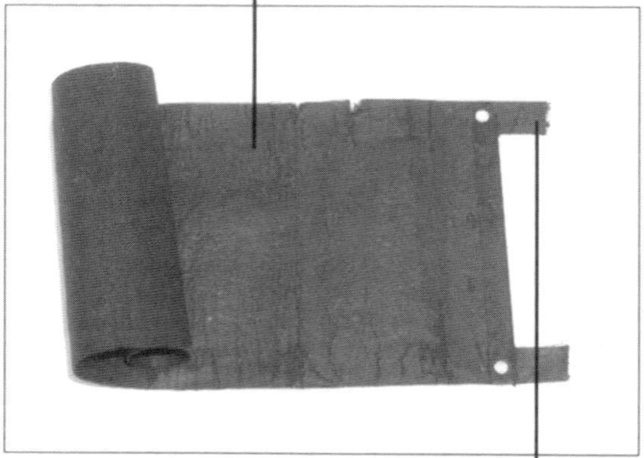

リボンが切れてしまっている。

メモ

Pentax SVでは、シャッター幕とリボンが一体化しています。そのため、リボンが切れただけでも、シャッター幕全体の貼り替えが必要になります。これに対し、LeicaIIなどはシャッター幕とリボンが別々になっているので、個別に交換することができます。

新しいシャッター幕を切り取る

1 シャッター幕を入手する。

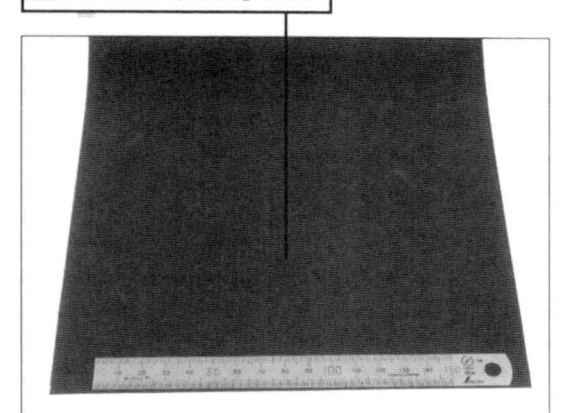

メモ

シャッター幕には、薄手でしなやかで光を通さず、ひっぱりに強い素材が必要です。通常の黒布などでは光が透過してしまうため、使えません。布幕シャッターは「ゴム引き」という手法で、黒布に黒いゴムを塗布して作りますが、素人がそこまでするのは大変です。出来合いのシャッター幕を入手するほうがよいでしょう。なお、シャッター幕を扱っているショップは少ないので、インターネット通販を利用するのがよいでしょう。ただし、シャッター幕は比較的高価ですから、遊びで使うだけなら、別の安い素材で試してみるのも一興です。

2 新しいシャッター幕を切り取る（サイズは右図を参照）。

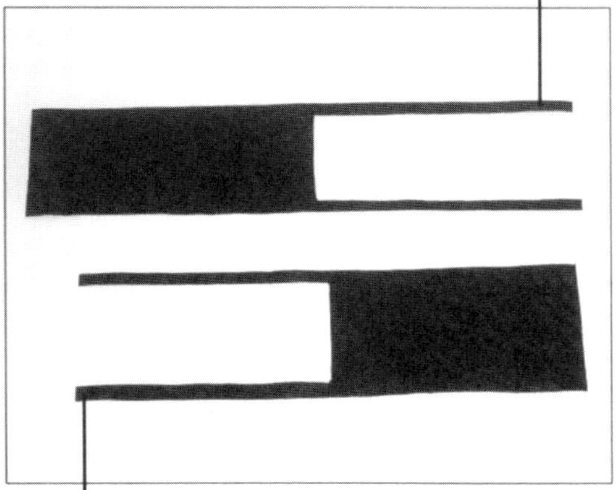
後幕
先幕

メモ

上下の長さは正確さが必要とされますが、左右の長さに関してはそんなに神経質にならなくてもよいでしょう。なお、本書では元のシャッター幕のサイズよりもかなり短く作成しています。元サイズだと軸に巻き付けて接着しなければならず、素人には難しいので、この寸法にしてください（ただし、耐久性は落ちるかもしれません）。

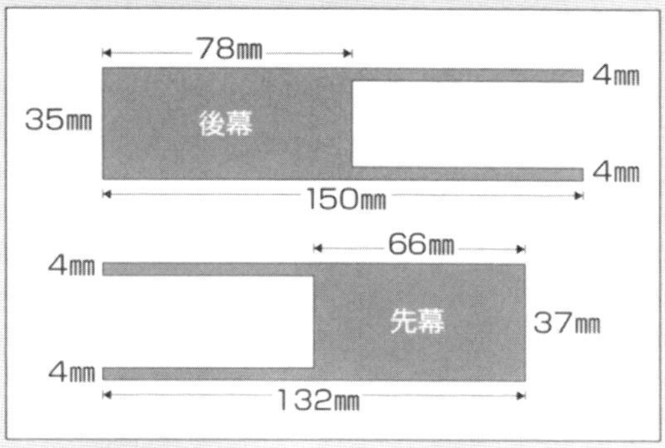
78㎜
4㎜
35㎜
後幕
4㎜
150㎜
66㎜
4㎜
先幕
37㎜
4㎜
132㎜

シャッター幕のサイズ

スリット金具を取り付ける

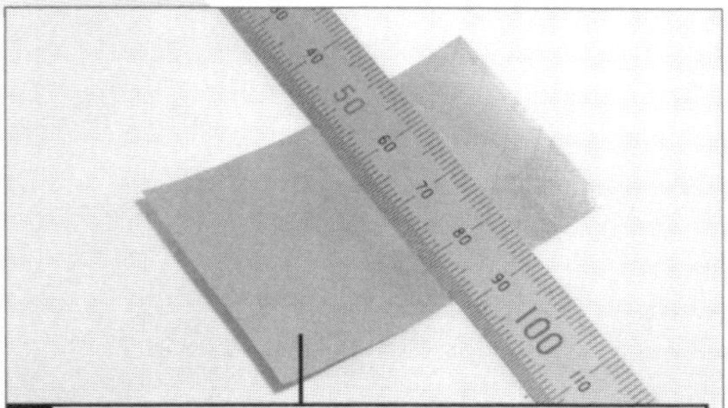

1 薄いアルミ板などを下図のサイズに切り取る。

メモ

スリット金具は非常に重要なもので、これがないとシャッター幕が正常に走らなかったり、露出ムラが出たりします。しかし、高価な素材を使う必要はありません。アルミ缶やスチール缶などの廃物利用でもよいでしょう。

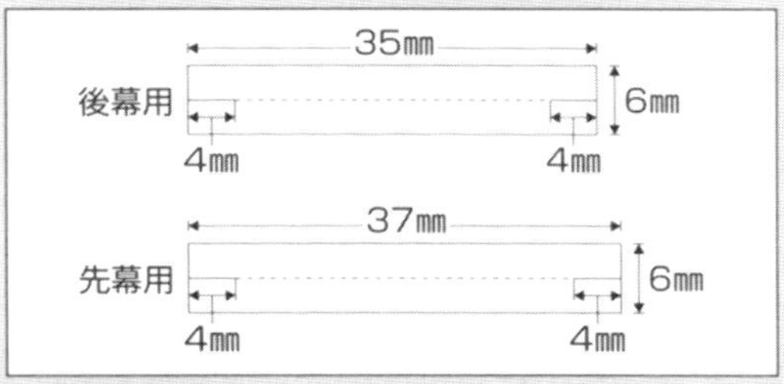
35㎜
後幕用
6㎜
4㎜
4㎜
37㎜
先幕用
6㎜
4㎜
4㎜

スリット金具のサイズ

2 切り出したアルミ板を折り曲げる。

3 リボンを通すための切れ目を入れる。

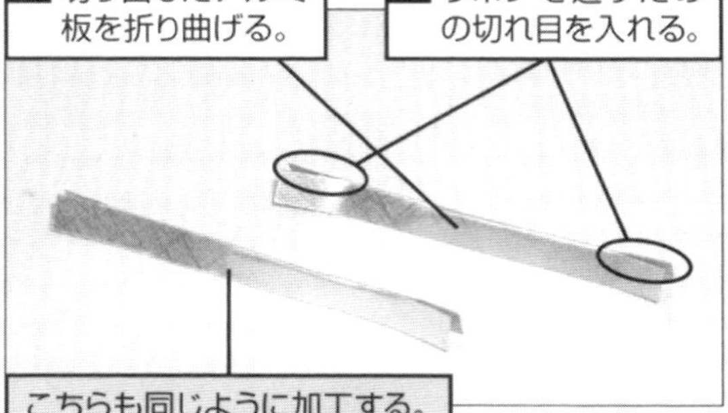

こちらも同じように加工する。

4 スリット金具をシャッター幕に取り付け、接着剤で接着する。

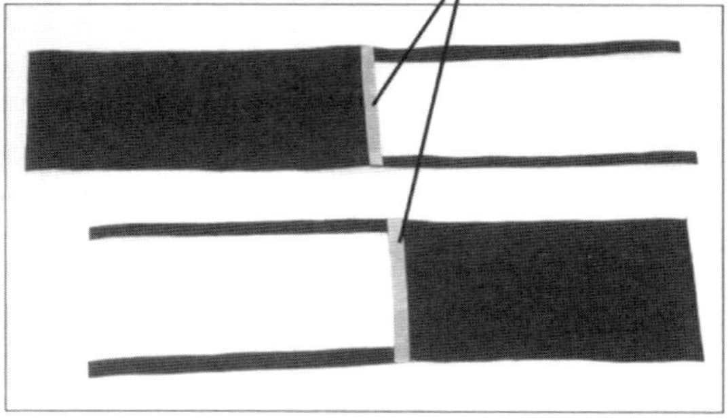

5 大型の目玉クリップなどで挟んでしばらく放置し、しっかりと接着させる。

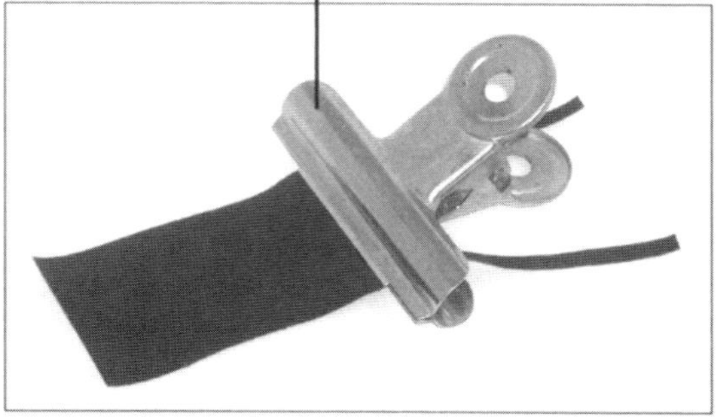

6 内面反射が起きないように、スリット金具をつや消しブラックのエナメルで塗装する。

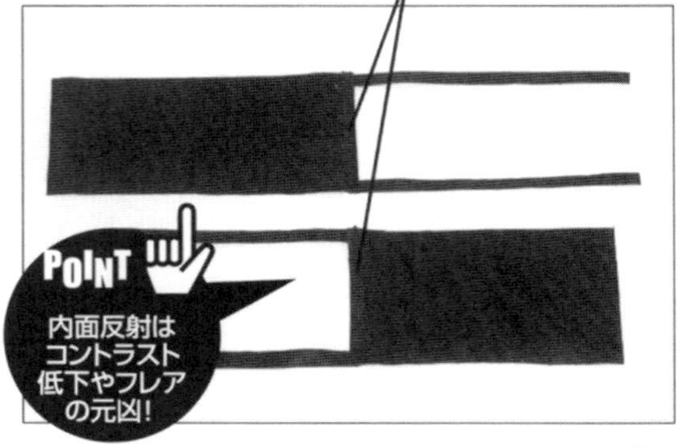
POINT
内面反射はコントラスト低下やフレアの元凶!

メモ

エナメルはカメラ専用の高価なものが好ましいのですが、ここでは安価なプラ模型用で間に合わせています。なお、エナメルは乾燥に時間のかかる塗料です。乾くまで焦らず待ちましょう。

後幕を取り付ける

1 アルコールなどですべての軸を清掃しておく。油が付いていると接着できないことがある。

奥にもう一本軸がある

2 巻き取り軸側に後幕を通す。

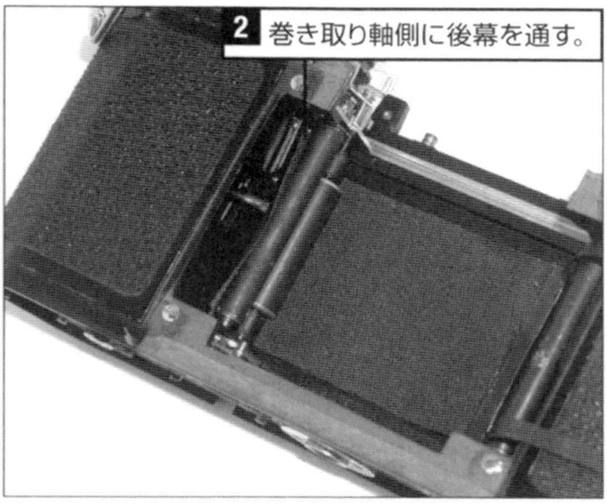

3 後幕の軸を時計回りにいっぱいに回しておく。

4 スリット金具がこの位置に来るようにする。

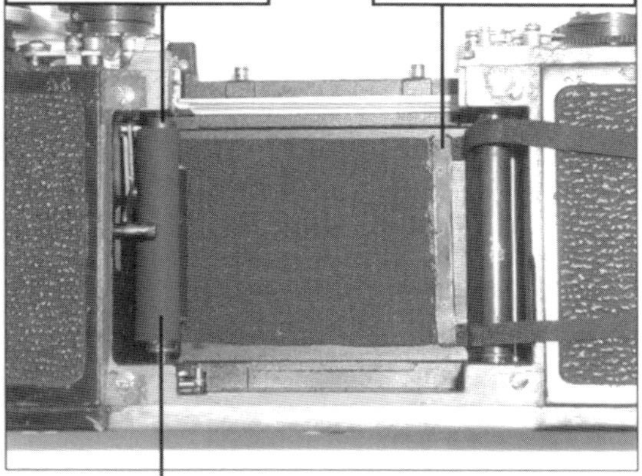

5 巻き取りドラムにシャッター幕を接着する。

注意

スリット金具の位置は非常に重要なので、慎重に作業してください。なお、この作業は、必ずシャッターが落ちた状態（巻き上げていない状態）で行ってください。

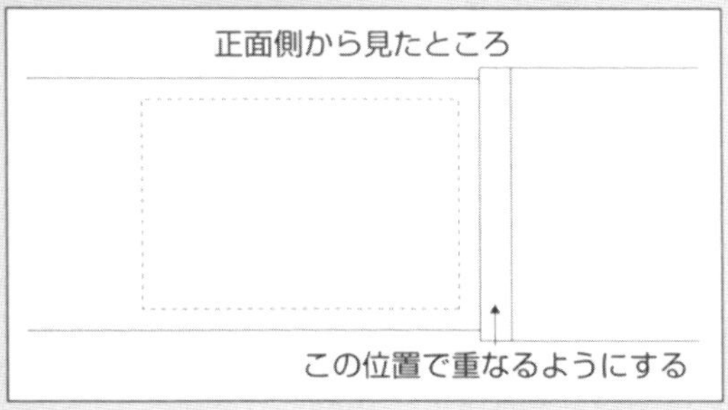
正面側から見たところ
この位置で重なるようにする

6 リボンを軸の裏に通す。

注意

リボンはボディと金属のポールの間を通します。金属ポールは小さくてわかりにくいので注意してください。

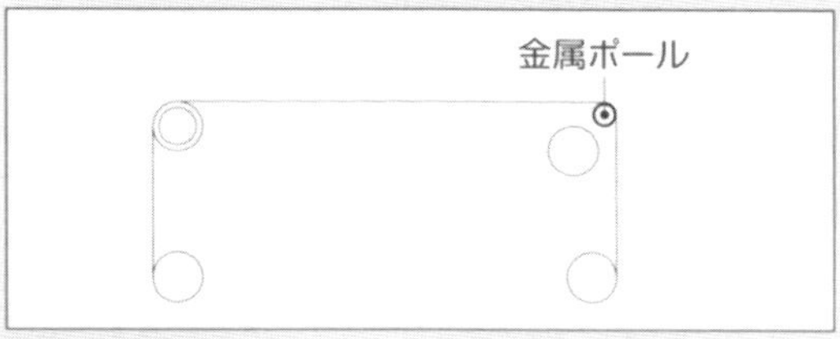
金属ポール

後幕リボンの通し方

メモ

リボンを通すときは、先に紙を通しておき、その紙にリボンを貼り付けて引っ張ると楽に作業できます。

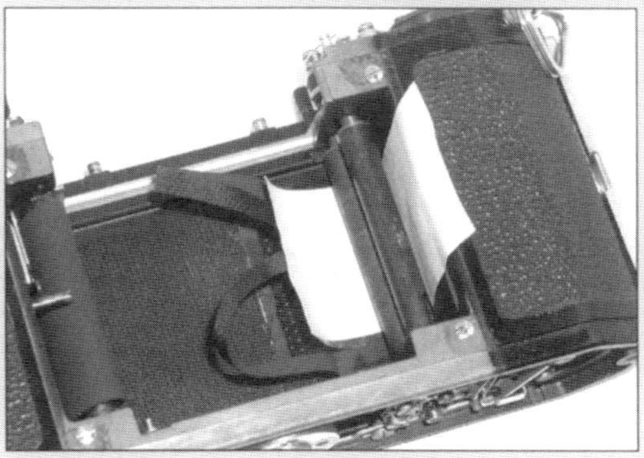

7 巻き取り軸にリボンを接着する。

メモ

この部分の位置決めでは、あまりナーバスになることはありません。上下のリボンの平行がきちんと取れていればよいでしょう。

8 テンションの調節ネジをマイナスドライバーで反時計回りに回してリボンを巻き取る。

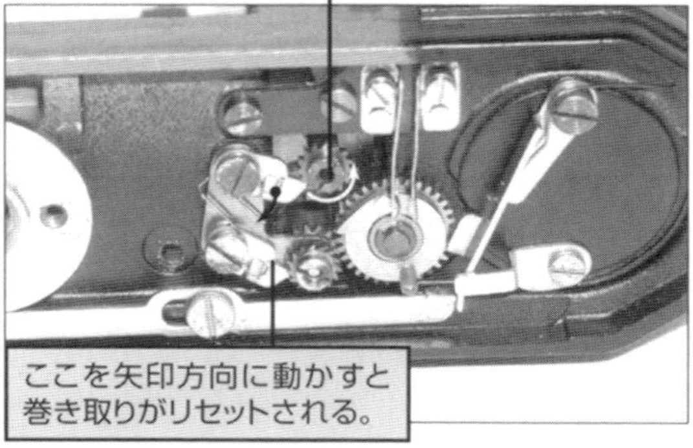
ここを矢印方向に動かすと巻き取りがリセットされる。

メモ

巻き上げが足りないと、テンション不足で幕がうまく走りません。しかし、巻き上げ過ぎると壊れてしまいます。初めは緩めに巻き上げておき、下記の方法でシャッターを切って、テンションを確認しながら調節してください。

9 これで後幕が張れた。接着剤が乾くまでしばらく待つ。

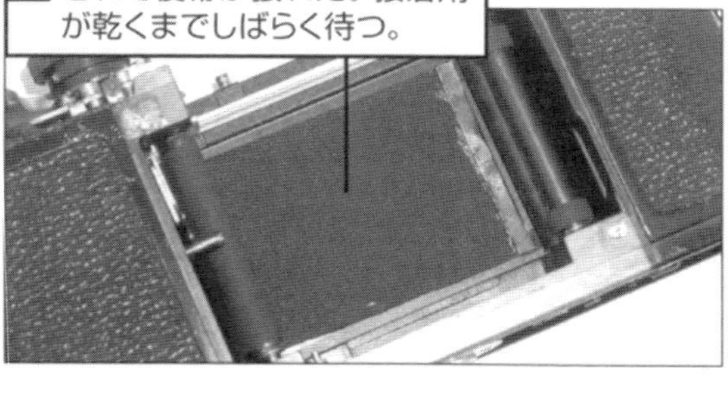

10 巻き上げレバーを巻き上げる。

11 このレバーを矢印の方向に動かす。

12 レリーズボタン(プレート)を押して幕が走ることを確認する。うまく走らなかったときは、⑧に戻って調整する。

先幕を取り付ける

1 先幕のリボンを巻上軸に通す。

先幕の取り付け方

2 先幕を巻き取り軸に通す。

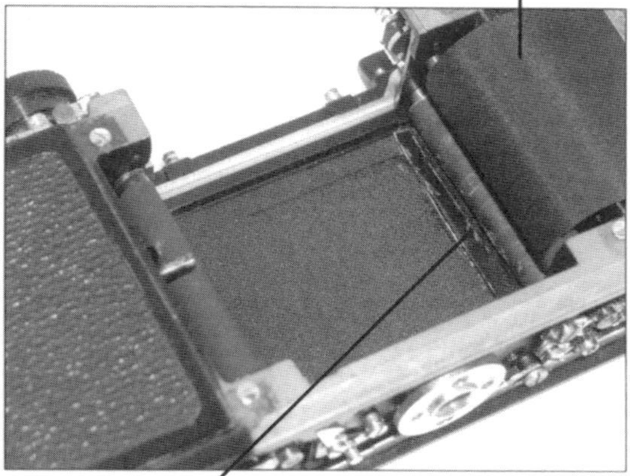

3 スリット金具が後幕のスリット金具と重なるようにする。

4 リボンを巻き上げ軸に接着する。

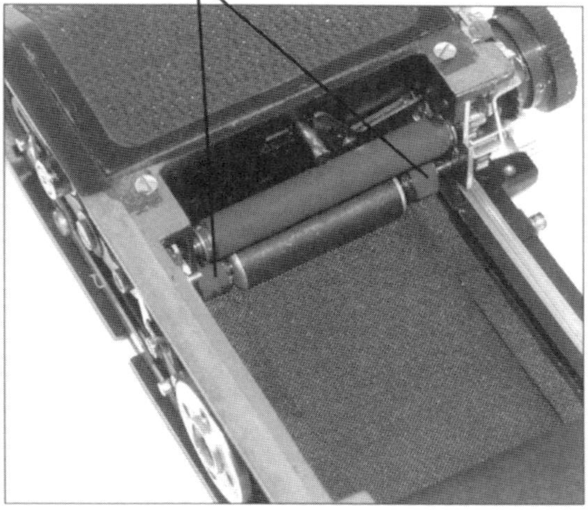

メモ

この作業も、シャッターが落ちた状態（巻き上げていない状態）で行ってください。

5 底部のギアがほぼこの位置になるまで回す。

ギアの位置は先幕のテンションギアを反時計回りに回して調整する。

6 巻き上げレバーを巻き上げる。

7 先幕をドラムに接着して、接着剤が乾くまでしばらく待つ。

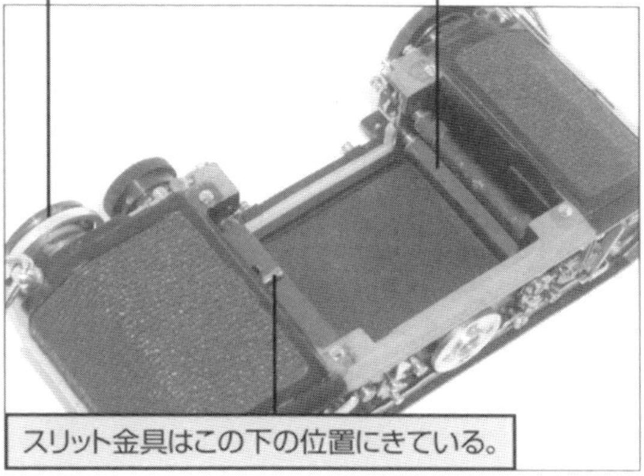
スリット金具はこの下の位置にきている。

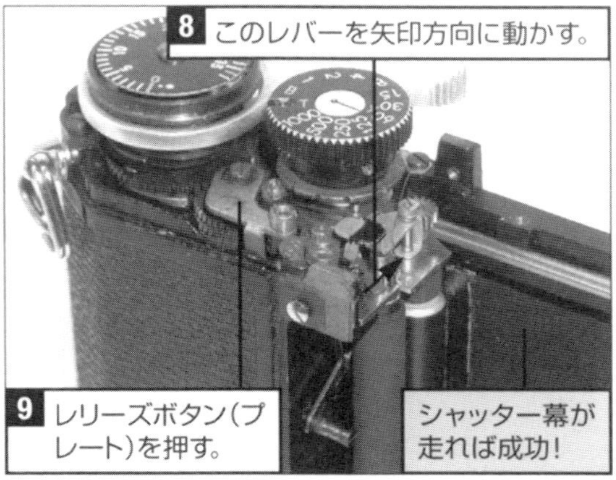
8 このレバーを矢印方向に動かす。
9 レリーズボタン（プレート）を押す。
シャッター幕が走れば成功！

シャッター速度を調整する

1 ミラーボックスとスローガバナを取り付ける。

2 裏蓋を開ける。

3 速度を低速〜高速に変えてシャッターを切って、幕の動作を確認する。

シャッター速度を調整する1

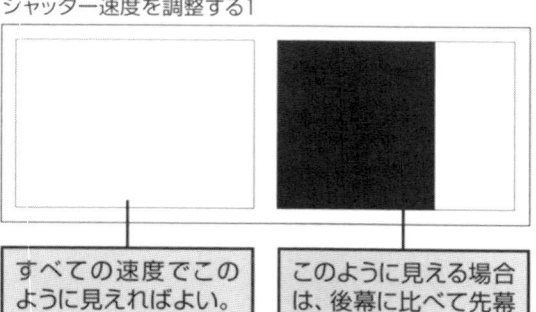

すべての速度でこのように見えればよい。

このように見える場合は、後幕に比べて先幕が遅い。

4 テンション調整ギアで幕速を調整する。

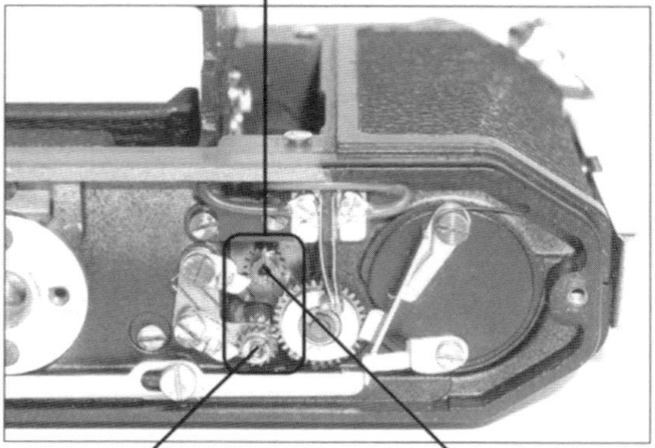

先幕の速度調整ギア

後幕の速度調整ギア

注意

遅くする(テンションを弱くする)ときは、該当するギアをドライバなどで押えた状態でロック爪を外し、数ギア分後戻り(時計回り)させます。

6 79ページの方法で、テレビを使った速度チェックをする。

シャッター速度を調整する2

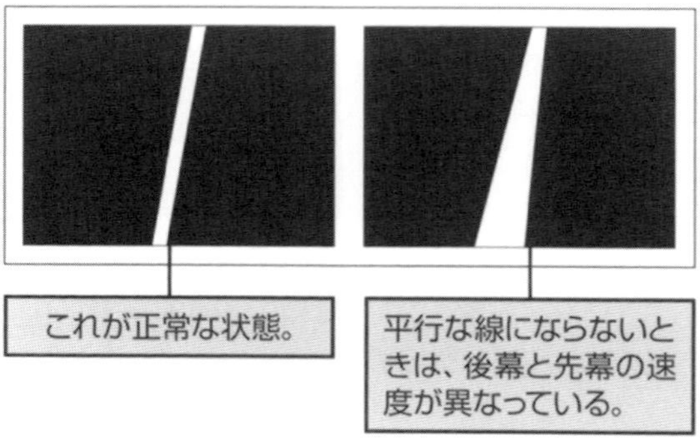

これが正常な状態。

平行な線にならないときは、後幕と先幕の速度が異なっている。

メモ

ここで説明している程度の調整では、ポジレベルの精度は出ません。あくまで、遊びのレベルの調整です。正確な精度が必要な場合は、プロの修理業者にお願いしましょう。

コラム

フォーカルプレーンシャッターの原理

シャッターとは、1/30"とか1/500"などの指定した時間だけフィルムを感光させる機構です。しかし、これはどうやって実現しているのでしょう？ 我々は漠然と「シャッターを開いて、一定時間経ったらシャッターを閉じれば良いだろう」くらいに考えがちですが、1/1000"や1/2000"などという高速でシャッターの開け閉めを実現するのは容易なことではありません。SVを分解してみれば判ると思いますが、この程度のギアが集まっただけの機械がそんなに高速で動くのでしょうか？ もちろん、そうではありません。実際、SVの内部ギアで実現されている速度はせいぜい1/60"の程度です。それ以上の速度はある工夫によって実現しているのです。

本題に入る前に、横走り布幕シャッターの原理を具体的に説明しておきましょう。ここでは、シンクロ速度（ストロボ同調速度）1/60"の場合を例に説明します。なぜ、突然ストロボの話が出てくるのか疑問に思うかもしれませんが、実はストロボ同調こそフォーカルプレーンシャッターの中核とも言える部分なのです。まずは受け入れて先に進んでください。

布幕シャッターは先幕と後幕という2枚の幕から成り立っています。シャッターがチャージされた状況では、この2枚の幕は次のような状態になっています。つまり、フィルムの前面は先幕によって覆われた状態になっているわけです（図1：この図は裏蓋側から見たものです）。

図1

シャッターを切ると、まず先幕が左方向に走ります。すると、フィルムの右端から順に露光します。この図は1/60"の半分、つまり1/120"経ったころに相当します（図2）。

図2

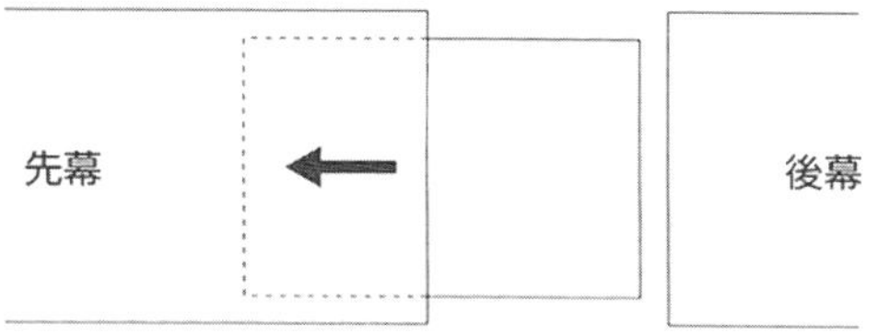

1/60"経って先幕が走りきると、フィルム全面が露光されている状態になります（図3）。ただし、注意しなければならないのは、フィルムの右端は1/60"の前から露光が始まっていますが、左端は今露光が始まったばかりだということです。つまり、このままでは均一の露出にならないのです。

図3

さて、先幕が走りきると、続いて後幕が走り始めます（図4）。今度は右端から順にフィルムを隠して行きます。つまり、シャッターを切って1/60"経つと、フィルムは右から隠され始めるので、右端の露光時間は1/60"となります。このときはまだ、左端は露光しています。

図4

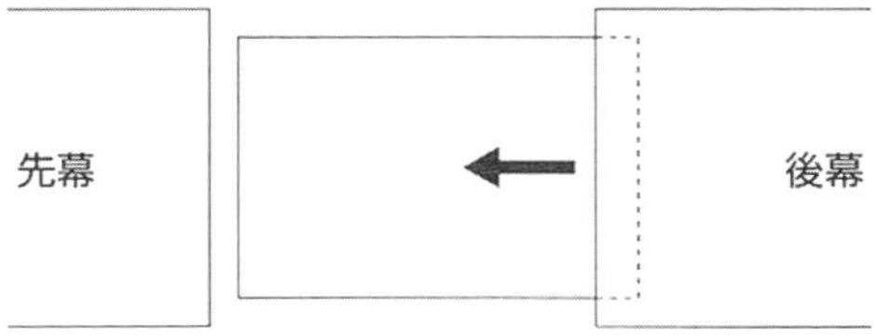

さらに1/60"経って後幕も走り切ると、フィルムの左端まで完全に隠れます(図5)。ですから、1/60"のシャッターを切った場合、実際には先幕の1/60"と後幕の1/60"の合計1/30"かかっています。また、フィルムの右端と左端は同じ瞬間を捉えたものではないことがわかるでしょう。ですから、高速で移動したり点滅したりする物体を撮影すると、思わぬ現象が起こることになります。

図5

このシステムで1/60"よりも遅い速度を実現するのは簡単です。先幕が走り切ったあと、一定時間をおいて後幕が走り出すようにすれば良いのです。では、このシステムで、1/60"よりも速い速度(たとえば、1/60"の倍の速度である1/125")を実現するにはどうすれば良いのでしょう? その答えは、先幕が半ばまで走った時点で後幕を走らせればよいのです。この場合、幕が走る速度は前回と同じですが、フィルム面の半分の幅のスリットがフィルムの右端から左端まで移動することになります(図6)。

図6

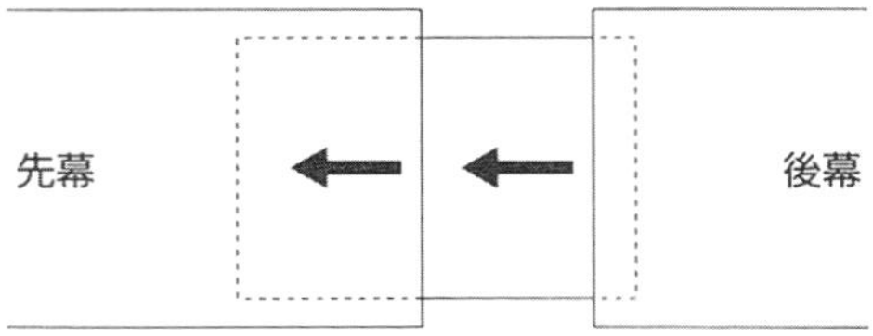

フィルムの右端が露光されてから先幕が半分まで走るのに必要な時間は1/120"かかり、その瞬間から後幕がフィルムを隠し始めるので、露光時間は1/120"となります。このスリットがフィルム面全体を走るので、すべての場所の露光時間が1/120"となります。これが、1/60"しか出ないメカニズムで1/125"のシャッター速度を実現するトリックです(慣例で、1/60"の倍の速度は1/120"ではなく1/125"となります)。同様に、1/250"ならば1/4、1/500"ならば1/8だけ先幕が走った時点で、後幕をリリースしてやれば良いのです。

ところで、この方式で高速に移動や点滅する物体を撮影すると、非常に不可思議なことが起きます。たとえば、次の図のような位置に被写体があり、先幕が到達する寸前に消えてしまった場合、その被写体はシャッターを切った瞬間には存在したのに、写真には写らなくなります(図7)。

図7

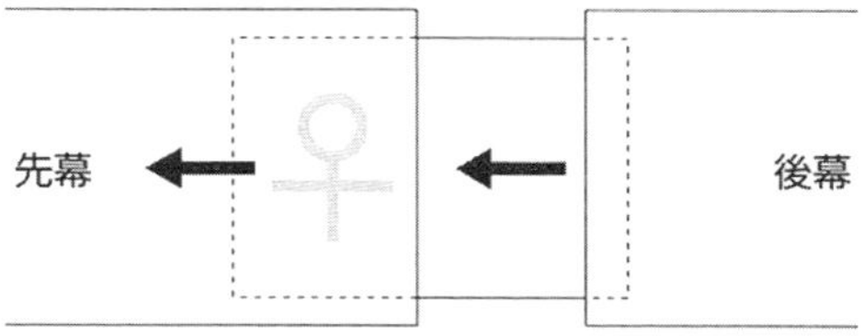

そんなにわずかな時間にいなくなる被写体な

んて特殊な物体で、現実にはあまり関係ないだろう…と思うかもしれませんが、そうでもないのです。実は、ストロボ撮影がまさにこれに当たります。ストロボに照らされた被写体は、数千分の1秒間だけ十分な明るさになりますが、その瞬間以外は暗くて写らないのです。ですから、カメラから見ると、数千分の1秒間だけ存在している被写体と同じなのです。たとえば、次のような状態でストロボが光ると、同じようにストロボに照らされていても、写るのは♂さんだけで、隣の♀さんは写らないのです（図8）。

図8

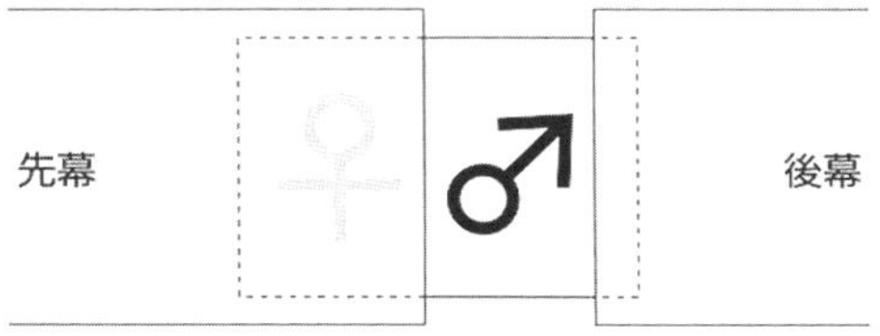

同調速度の問題はまさにそこにあります。2人とも同時にストロボ撮影しようと思ったら図9のように幕が完全に開いた状態が必要ですが、この状態になるのは同調速度（ここでは1/60"）か、それよりも遅い速度の場合だけなのです。これは横走り布幕シャッターでも縦走り金属羽根シャッターでも原理的には同じです。ただし、最近では、長時間発光する特殊なストロボを使って全速同調を実現しているカメラもあります。

図9

最後に、この時間差を利用したちょっとしたテクニックを紹介しておきます。SVの速度を1/1000秒に設定して、裏蓋を開け、レンズを外した状態でテレビ（ブラウン管タイプ）やCRTディスプレイに向けてシャッターを切ってください。斜めに光の線が走るのがわかると思います。画面は明るめに、目とカメラは少し離すのがコツです。

図10

この光は、テレビの走査線とシャッターのスリットによって作られる光です。速度を1/500"、1/250"と落としていけば、光の線の幅も2倍、4倍と太くなって行きます。斜めの先の太さが速度の比率を、傾きが幕速を表しています。

なお、このチェック方法は縦走り金属羽根シャッターでも使えます。ただし、縦走りの場合はカメラを縦位置に構えてシャッターを切ってください。

これは、簡易的なシャッター速度チェック法として良く利用されています。幕のテンションをいじったときも、とりあえずこの方法でシャッターをチェックしてみてください。ただし、液晶テレビでは使えないテクニックなので、これからは廃れてしまうかもしれませんね。

2-4
RICOH XR500

■発売年月	1978年
■標準価格	28,300円
■型式	フルメカニカル機
■マウント	PKマウント
■測光方式	TTL開放測光(中央重点平均測光)
■シャッター	機械制御縦走り金属羽根シャッター(最速1/500")

RICOH XR500は廉価一眼レフの元祖とも言える存在です。1978年に28,300円（本体のみ）という超破格値で発売されました。ケースと標準レンズをセットにしても何とサンキュッパ（39,800円）と、当時の他社のエントリーモデルの半値～6割程度の価格だったのです。もちろん、安いだけあってスペック的には劣っています。特に、1/8"～1/500"というシャッター速度は当時としても見劣りするものでした。

しかし、実用性は高いカメラです。最速1/500"という速度も、被写界深度云々を言い出さなければ、大きな問題にはなりません。もっとも、一眼レフで被写界深度にこだわるなと言うのも無茶かもしれませんが…。セット販売されていた標準レンズも非常に評判が良く、安いけれど良く写るカメラでした。操作感も値段ほどにはチープではありませんし、露出計にLEDではなく追針式メーターが使われているため、高級感もあります。もちろん、フルメカニカル機ですから、壊れても半永久的に修理可能です。

このXR500も前述のCT-1シリーズ同様、工事現場などで良く使われたようです。また、構造的にもコシナの一眼レフとどことなく類似点があるように感じます。ただし、分解の難易度ではXR500のほうが遥かに面倒で、CT-1ほどスッキリ簡素化されていません。CT-1シリーズが良い意味でも悪い意味でも安く仕上げているのに、このXR500は価格に不釣り合いなほど凝った構造をしています。それだけに、分解の腕試しには良い素材でしょう。

XR500には特徴的な故障はないようです。しかし、ファインダー系の汚れやシャッター／ミラー系の動作不良など、一般的な故障は良く目にします。ここでは、まずトップカバーを開け、プリズムを取り出し、プリズム、アイピースの内側、スクリーンの内側を掃除します。また、ミラーボックスを取り出して、シャッターやミラーボックス周りもチェックしてみましょう。取り出せば直るというものではありませんが、構造を理解すれば修理の目安にはなります。

XR500は廉価ゆえに非常に良く売れた機種ですが、反面、廉価ゆえにユーザーに粗略に扱われた機種でもあります。そのため、中古カメラ店では故障または外観の極端に悪い機体が2,000円程度で売られていることがあります。また、個人的には良いカメラだとは思うのですが、やはり1/500"という速度が引っ掛かるのでしょうか、オークションでもあまり人気はありません。程度にもよりますが、かなり安く入手できます。

分解の目的

■ファインダーの掃除
■シャッター系のチェック
■ミラーボックスの取り出しとチェック

必要な工具

■ドライバ各種(プラスの0番が中心)
■カニ目レンチ
■シャッターオープナー
■半田ゴテ
■ピンセット
■セロテープ、ビニールテープ
■綿棒、爪楊枝、クリーナーなどの清掃用品

トップカバーを開ける

XR500のトップカバーも、COSINA CT-1Superとほぼ同じ要領で開けることができます。ただし、CT-1Superよりも手順が多く面倒です。

巻き戻し軸の分解

1 裏蓋を開ける。

2 巻き戻し軸のミゾにドライバを入れて固定する。

3 巻き戻しクランクを反時計回りに回す。

4 巻き戻しクランクを取り外す。

6 カニ目をカニ目レンチで回して取り外す。

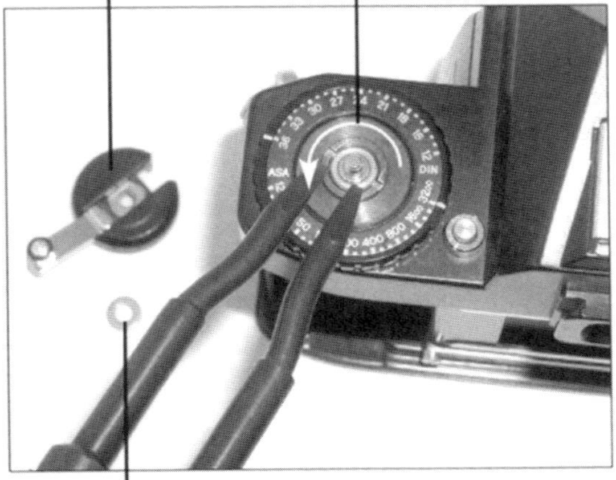

5 その下のワッシャも取り外す。

7 この穴の位置関係をデジカメに撮影しておく。

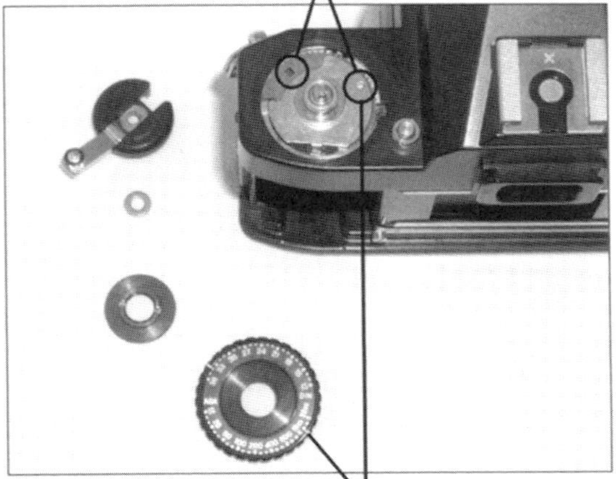

組み立てるときは、この穴と、感度ダイヤルの裏の出っ張りが一致するように取り付ける。

注意

この穴の位置が正確でないと、露出計が狂ってしまうので注意してください。なお、下の円盤にはいくつかの穴が空いていますが、端から3つ目の穴と上の円盤の穴が一致するように取り付けます。

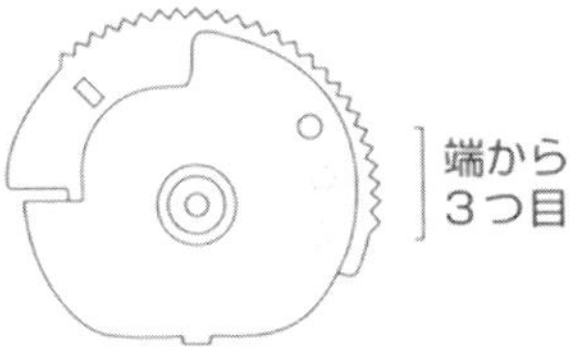

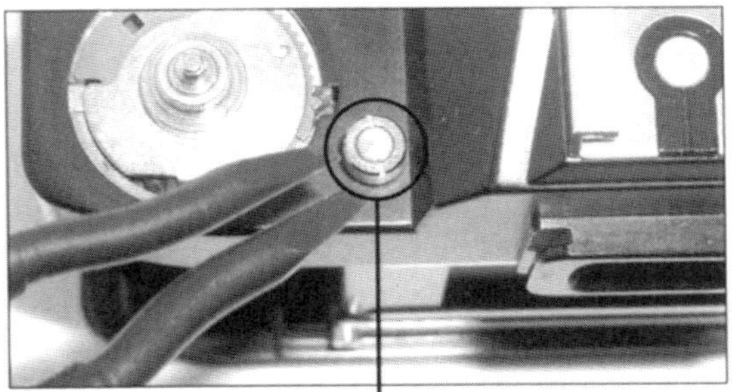

8 フィルム感度ダイヤルのロックボタンの止め具をカニ目レンチで外す。

シャッターダイヤルの分解

1 シャッターオープナーでシャッターダイヤルの止め具を回して外す。

速度ダイヤルの位置はしっかり記録しておく。

2 シャッターダイヤルを外す。

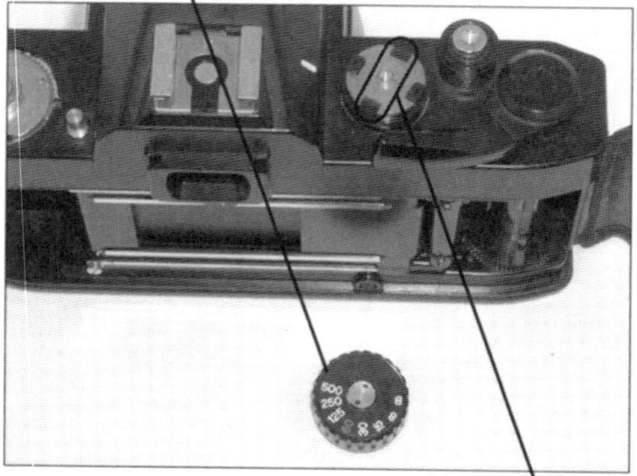

この部分でシャッターダイヤルの位置が決まるが、正規の位置だけでなく、180度反対の位置でもはまってしまうので注意。

巻上軸の分解

1 巻上軸の裏のネジを外し、巻き上げレバーのプラスチックカバーを外す。

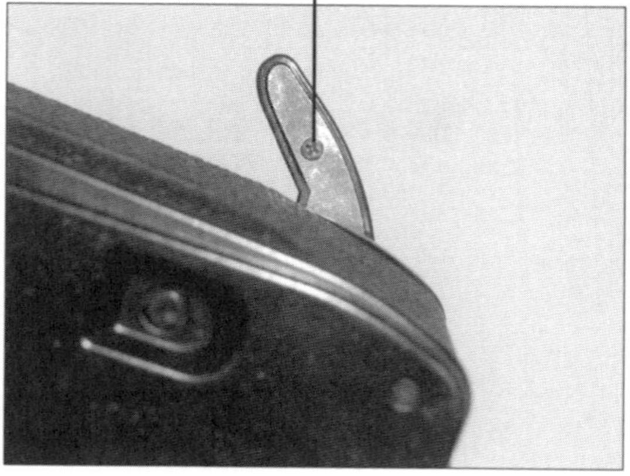

2 先丸のカニ目レンチでプレートを時計回りに回して外す（逆ネジ注意）。

POINT
巻上軸には逆ネジが多い!

メモ

巻き上げ軸には逆ネジが使われることが多いようです。これは、巻き上げたときにネジが緩まないようにするためでしょう。

3 巻き上げレバーを分解する。

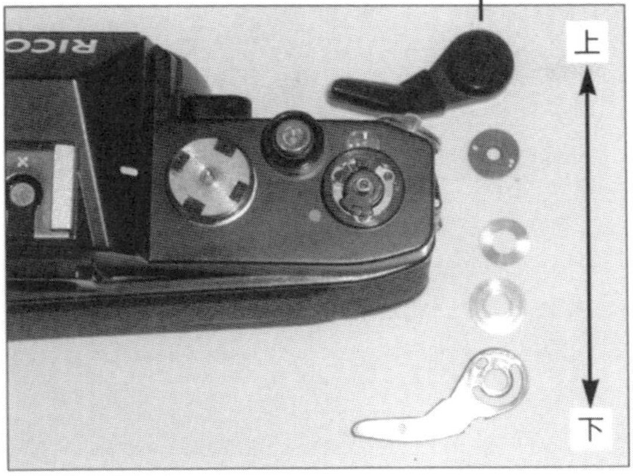

4 この金具を取り外す。

5 この突起を挟んで、プラスチックのチューブを丁寧に取り出す。

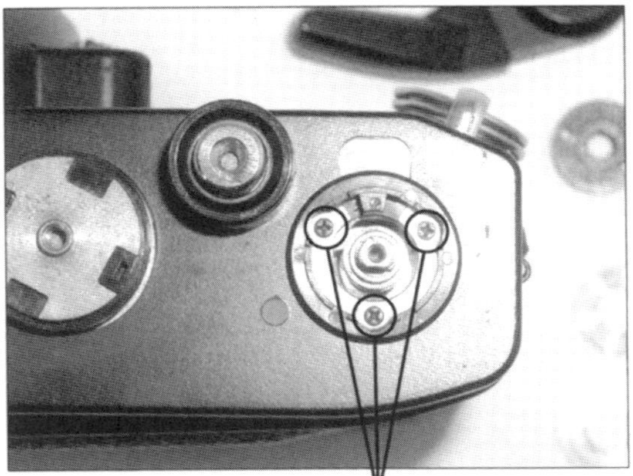

6 この3本のネジを取り外す。

これがシャッターロックのためのパーツ。

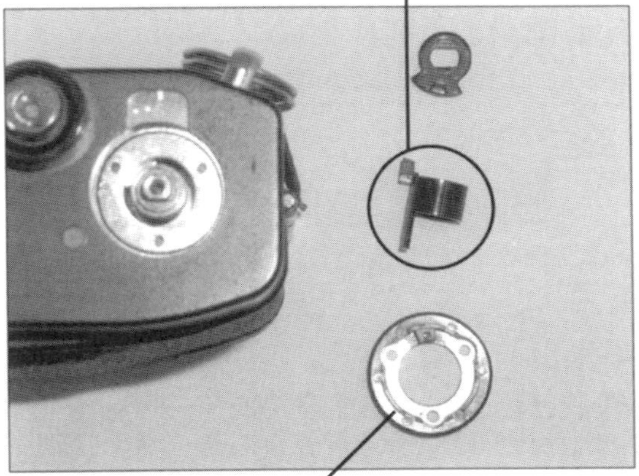

7 巻上軸の台座を取り外す。

メモ

このXR500もCT-1シリーズと同じように、巻き上げレバーを畳み込むと露出計の電源が切れ、シャッターがロックされます。しかし、XR500のシャッターロック機構はやや複雑なので、CT-1ほどスマートに無効化できません。少々面倒な工夫が必要になります（93ページ参照）。なお、プラスチックのチューブを外したまま組み立てれば、とりあえずシャッターロックは無効化できますが、これでは露出計の電源を切ることができませんし、巻き上げレバーがブラブラしてしまい、大変に使いにくくなります。

レリーズボタンのカバーを外す

1 ここのネジを外す。

2 カバーを持ち上げて外す。

トップカバーを外す

1 トップカバーの周囲の3本のネジを外す。

RICOH

RICOH

2 トップカバーを取り外す。

フレキ基板をゆるめる

1 ここのネジ2本を取り外す。

メモ

この接点は露出計スイッチです。

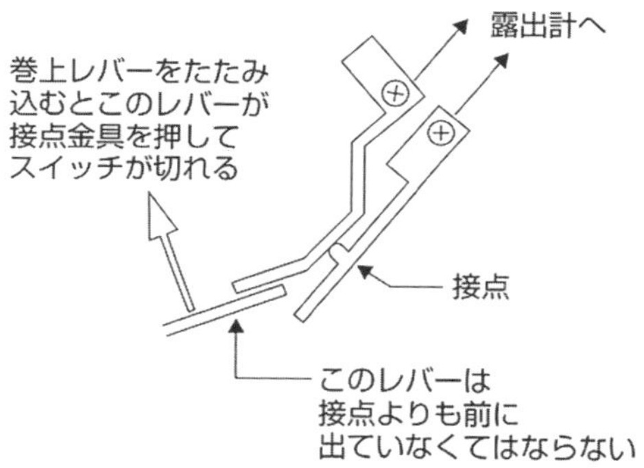
露出計へ
巻上レバーをたたみ
込むとこのレバーが
接点金具を押して
スイッチが切れる
接点
このレバーは
接点よりも前に
出ていなくてはならない

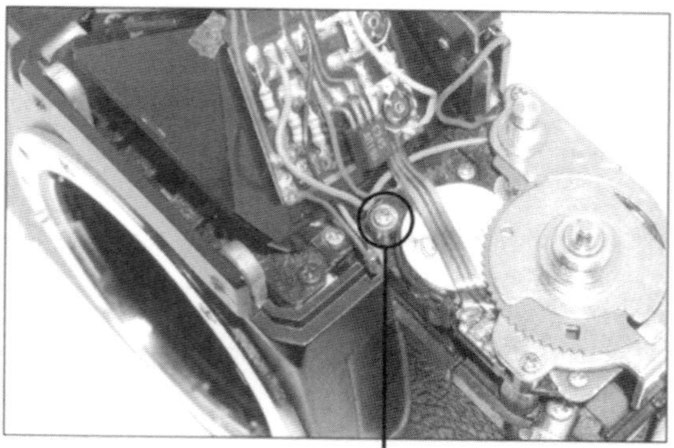

2 このネジを取り外す。

3 アイピースの周囲の4本のネジを取り外す。

プリズムを取り出す

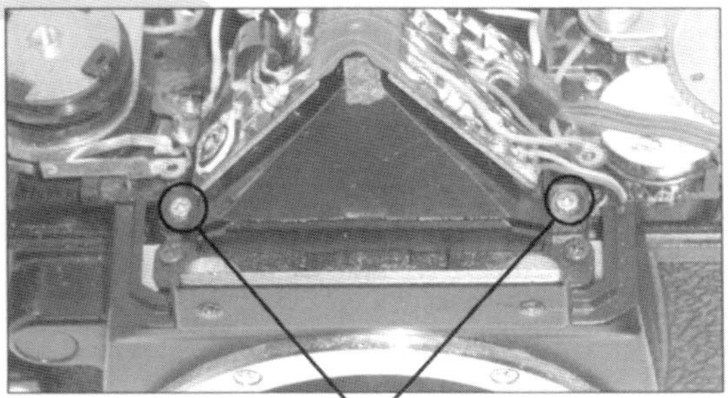

1 プリズムカバーのネジ2本を外す。

注意

この2本のネジは外すだけで取り出さないでおきましょう。

2 両面テープで固定されているフレキ基板をゆっくり丁寧にはがす。

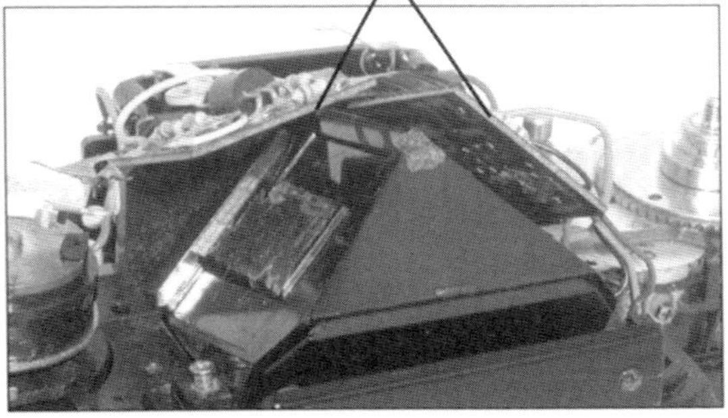

3 プリズムカバーを取り出す。

4 プリズムを取り出して清掃する。

5 アイピースとスクリーンの内側を清掃する。

メモ

ここまで分解すればファインダーの清掃はできます。このあとの作業ではフロントパネルとミラーボックスの取り外しにかかりますが、これらはかなりのリスクを伴う分解になります。場合によっては、シャッター系を壊してしまう可能性もあります。特に必要がないならば、ここで分解を止めて、元に戻してください。もし、ミラーが上がりっぱなしの不具合がある機体を持っているなら、次のステップに進んでください。

前板とミラーボックスの取り出し

XR500の前板の取り外しは、かなり面倒な作業になります。XR500では前板とミラーボックスが一体化しているため、分解は比較的楽でも、元に戻すときにかなりの注意が必要になるからです。手当たり次第、適当にネジを外して行くと、間違いなく復旧不可能な状態になってしまいます。さらに、ユニットが複雑に絡み合ってますから、必要なユニットだけ取り外すことも困難です。取り外すネジの数が多く、元位置に仮止めする方法も使えないので、ネジをきちんと整理・分類して保管することが重要になります。少し気を引き締めて取り掛かってください。

シャッターダイヤルを取り付ける

トップカバーを開けた状態から作業を始める。

巻上軸の台座も取り付けておく。

シャッター速度ダイヤルだけは取り付けておく。また、速度はBまたは1/500"のいずれかにしておく。

メモ

ここでシャッターダイヤルを取り付けたのは、組み立て直すときに便利だからです。シャッターダイヤルを外したままにしておくと、露出計の調節にかなり苦労することになりますから、必ず取り付けておいてください。ただし、巻上軸の台座の取り付けは特に必要なわけではありません。単に、なくさないようにするためです。

キーワード

ミラーボックス

反射鏡を格納しているユニットのこと。機械式の一眼レフではシャッターの制御系の一部になっている。レリーズボタンを押すと、まずミラー系が動作して、ミラー系がシャッター系を駆動する仕組みになっている。このため、シャッターの動作の不具合はミラーボックス周りに原因があることが多い。

リード線を外す

1 半田ゴテで印のついた3ヵ所のリード線を外す。

2 アイピースの両脇の2ヵ所も外す。

注意

リード線を外す前に、必ずリード線の色と位置をメモするか、デジカメで撮影しておいてください。

フィルム感度ダイヤル部の基板を取り外す

1 巻き戻し軸を引っ張って裏蓋を開ける。

2 この部分にビニールテープを貼って、裏蓋が閉まらないようにする。

3 3ヵ所のネジを外す。

メモ

フィルム感度ダイヤル部の基板を取り外すと、巻き戻し軸が外れてフィルム室に落ち込んでしまうことがあります。この状態で裏蓋を閉めると、裏蓋が開かなくなってしまいます。万一閉めてしまったら、貼革をめくってネジを外し、側板をずらしてドライバを突っ込んでロックを外すなど、開けるためにやや面倒な作業が必要になります。

6 このネジを外す。

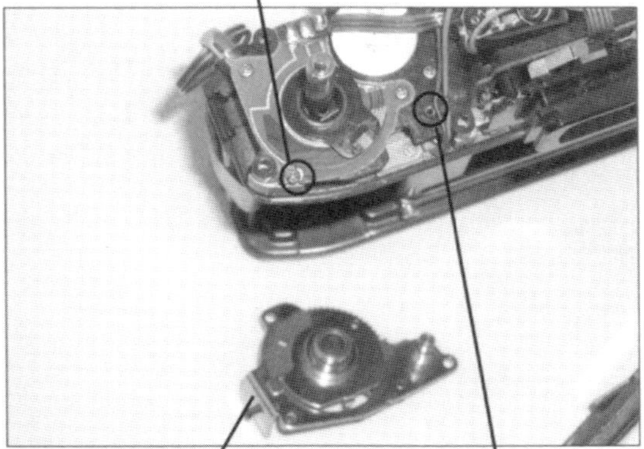

4 フィルム感度のダイヤル基板を取り外す。

5 このバネを取り出す（なくしやすいので注意！）。

シャッターダイヤルの基板を取り外す

1 3ヵ所のネジを取り外す。

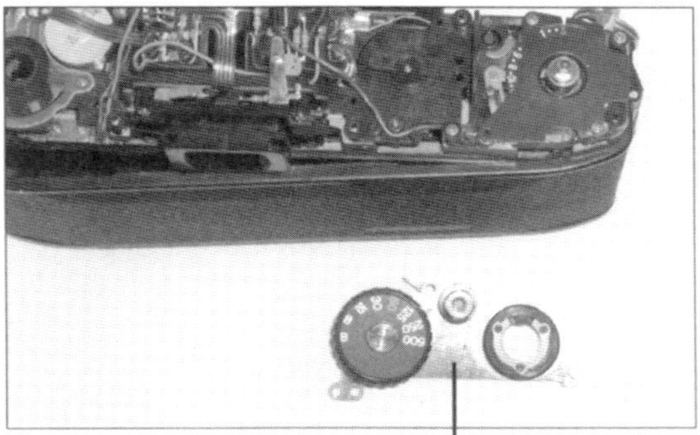

2 シャッターダイヤルの基板を取り外す。

3 ここにセロテープを貼り付けてダイヤルを固定する。

POINT 動いて困るところはテープで止めろ！

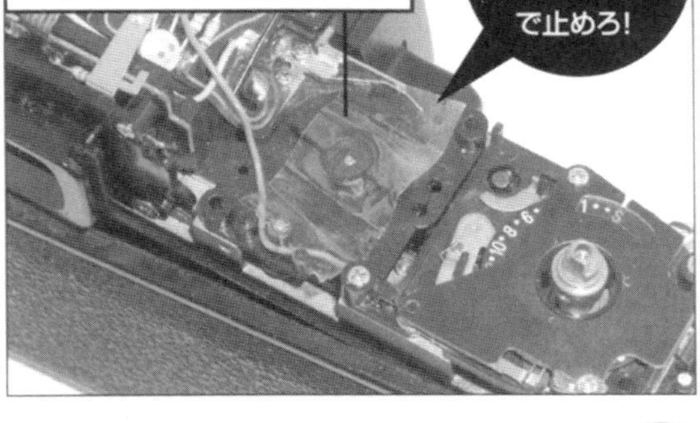

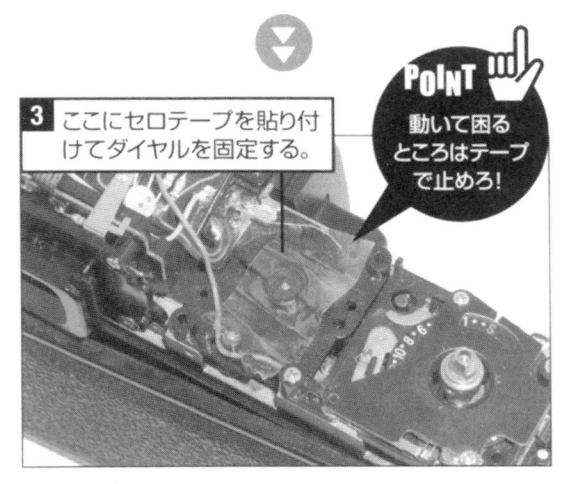

注意

このダイヤルをセロテープで固定するのはとても重要なことです。面倒臭がらずに、必ず貼り付けください。

上部ユニットを取り外す

1 この3本のネジを取り外す。

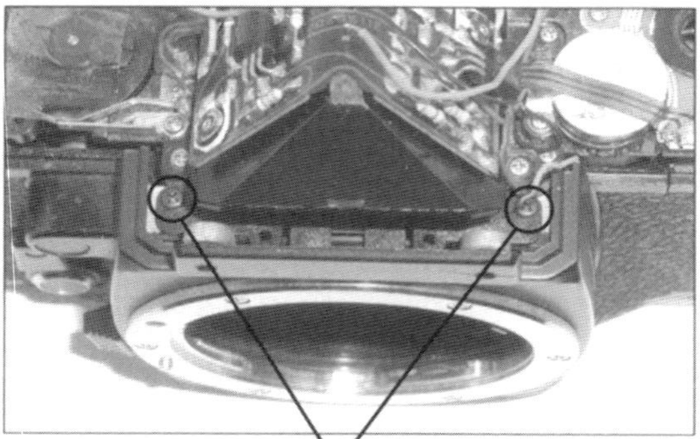

2 この2本のネジを取り外す。

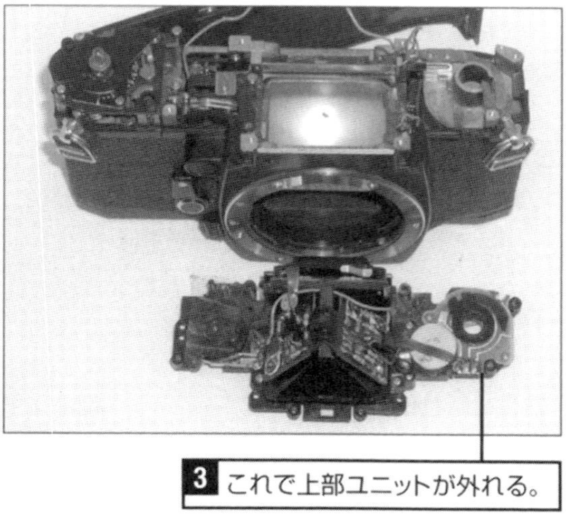

3 これで上部ユニットが外れる。

ミラーボックスの取り出し

1 底蓋のネジ5ヵ所を外す。

2 底蓋の中のこのネジを外す。とても外ししにくいので注意。

POINT
精密ドライバなどを使って慎重に!

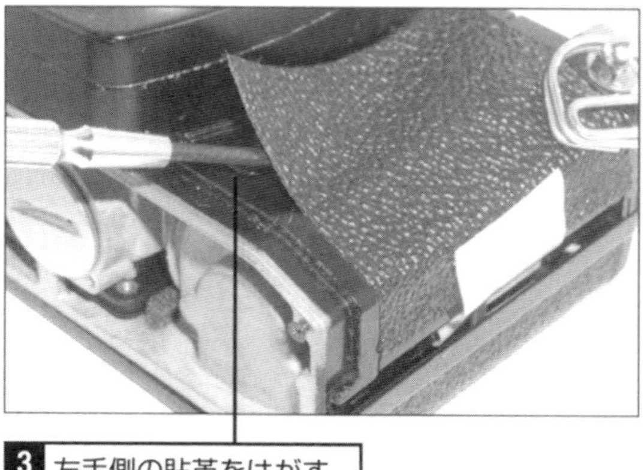

3 左手側の貼革をはがす。

4 貼革の下のネジを3本外す。

5 反対側の貼革もはがす。セルフタイマーがあるのではがしにくいが、丁寧にはがせば破らずに取れる。

メモ

もし貼革が敗れてしまった場合、破れた貼革を型紙にして新しい貼革を作るのも一興です。貼革は大手カメラ店で扱っていますし、革の端切れなら革用品店で100円くらいから売っています。

6 貼革の下のネジを2本外す。

この金属板に注意。

メモ

ここに見えているネジと金属板の関係を良く見ておいてください。シャッターボタンを押すと、ネジの取り付けられた軸が下に動き、金属片も下に押されて、この動作がミラーボックスに伝えられます。

7 前板ごとミラーボックスが外れる。

マウント部分も比較的簡単に分解できる。

シャッターとミラーボックスのチェック

ここでは、シャッター系とミラー系の簡単な動作チェックをしておきましょう。

シャッター系のチェック

1 巻き上げレバーを取り付けておく。

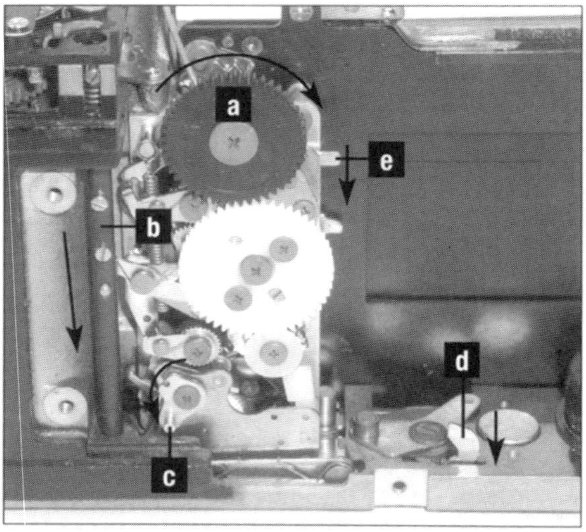

a このギアを回転させると速度が変わる。ただし、組み立て直すときには、最初の状態に戻しておく必要があるので、変化させる場合は何らかの方法でマーキングしておくこと。

メモ

このギアにはクリック感がある部分と、クリック感のない部分があります。クリック感のある部分の端は1/500"かBなので、マーキングなしでも比較的わかりやすいでしょう。

ミラー系のチェック

1 シャッターボタンを押すと、このレバーが下に押される。

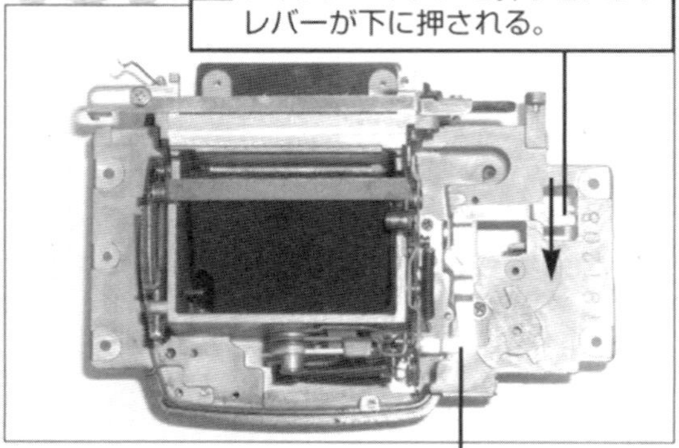

2 すると、反対側のレバーがミラー系を駆動する。

b シャッターボタンを押すとこの軸が下に下がるが、この状態ではシャッターは切れない。この2本のネジの間にあった金属片が下に押し下げられて、動作がミラーボックスに伝えられ、ミラーボックス経由でシャッターがレリーズされる。

c セルフタイマー

d 巻き上げがロックされてしまったら、このツメを下に押し下げて巻き上げる。

メモ

巻き上げがロックされてしまう場合、底のこの部分に原因があります。上記のツメを押すと、この黒い金属片が浮いてロックが外れます。

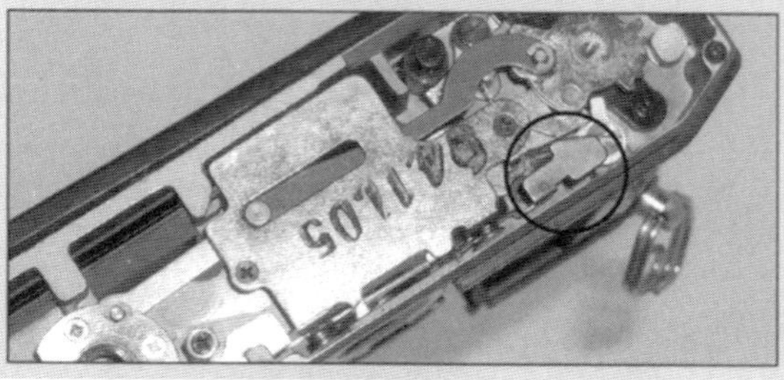

e このレバーを下げるとシャッターがレリーズされる。

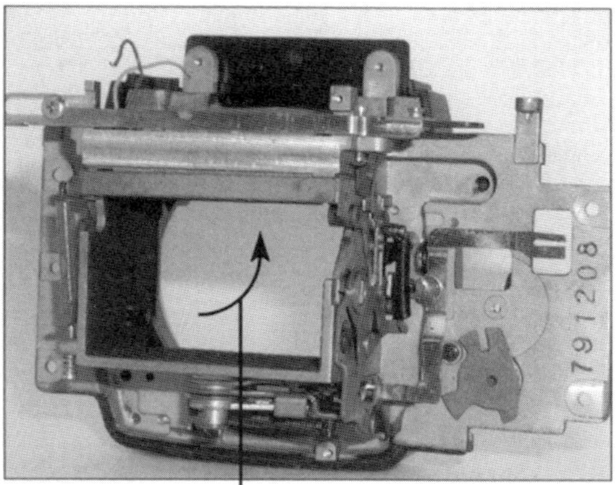

3 ミラーが上がりっぱなしになる。

メモ
状態によっては、ミラーが上がらないこともあります。

ミラーボックスの底面。

4 この部分を上に引っ張り上げる。

5 このレバーを右に回してロックする。これでミラーが下がる。

メモ
1 のレバーを押せば、再びミラーがアップするはずです。何度か繰り返してみてください。ただし、組み立て直すときは、ミラーが下がった状態に戻してください。

再組み立て

CT-1Superと違い、このXR500は単に分解の逆手順で組み立てれば元に戻るわけではありません。ここでは、再組み立てのポイントを解説します。

ミラーボックスと前板の組み立て

1 ペンチなどでセルフタイマーのレバーを反時計回りにを巻き上げる。

メモ
前面にゼンマイ式のセルフタイマーがある機種では、ほとんどの場合、前板を取り付ける前にゼンマイを巻き上げる必要があります。これをしないと、前板がうまくはまりません。

2 セルフタイマーのレバーをこの位置にして前板をはめる。

2本のネジの間にきちんとレバーが挟まるように気を付ける。

上部ユニットの取り付け

上部ユニットを裏から見たところ。

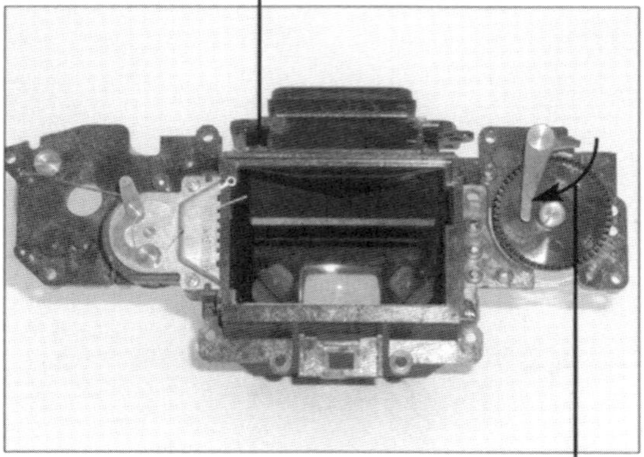

1 このレバーを矢印の方向に動かしておく。

3 このレバーをドライバなどで左に動かす。

2 上部ユニットをボディに乗せる。

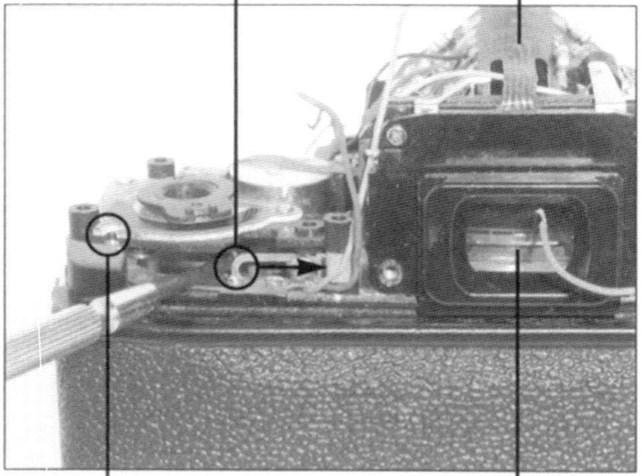

5 指針の動きが確認できたら、ここをネジ止めする。

4 ファインダーを覗き、**3** のレバーの動きに合わせて露出計の指針（○─）が動くことを確認する。

注意

指針が動かない場合は、レバー（ボディ側）と指針（上部ユニット側）が噛み合っていません。一度取り外してから、再度乗せ直してください。

この作業は反対側からのほうがやりやすい。

6 上部ユニットの手前側を矢印側に少し引っ張って浮かせる。

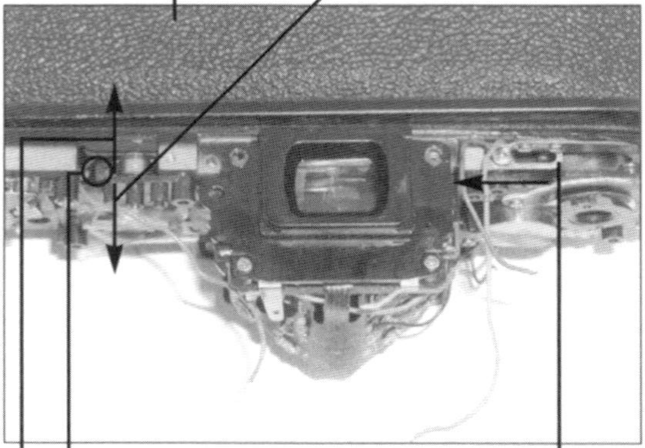

ここが飛び出さないように作業するのがコツ。

7 このレバーを矢印方向に押し込む。

8 上部ユニットをボディに密着させる。

メモ

ここでやっているのは、シャッター（速度）ダイヤルと露出計の指針を連動させるための作業です。組み立て作業の最大の難関なので、頑張ってください。なお、この部分が正常に組み上がれば、速度に応じて指針は次の位置で止まります。

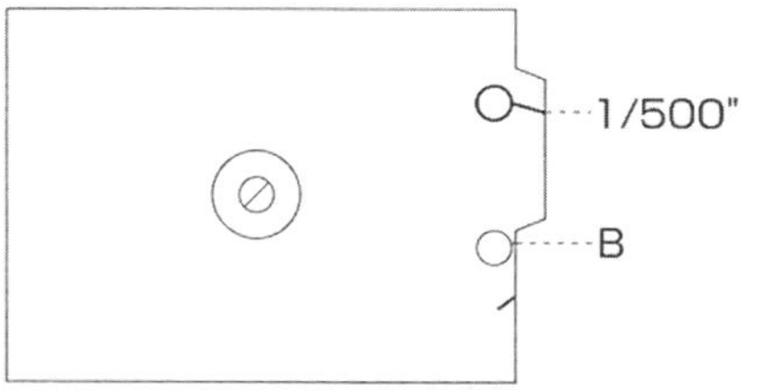

9 緑のコードをこのように通す。

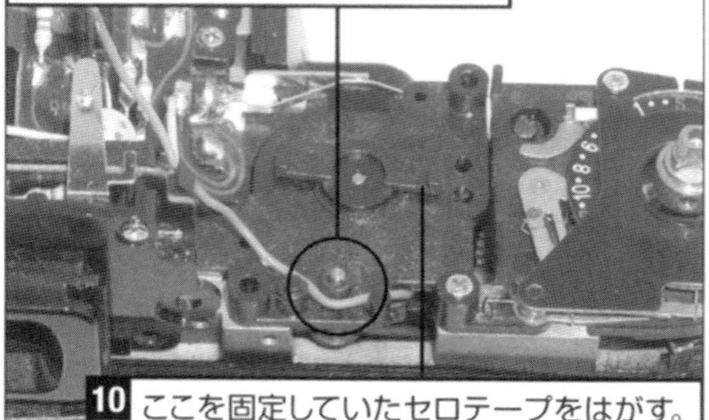

10 ここを固定していたセロテープをはがす。

シャッターダイヤルの基板を組み立てる

シャッターダイヤルの基板を裏から見たところ。

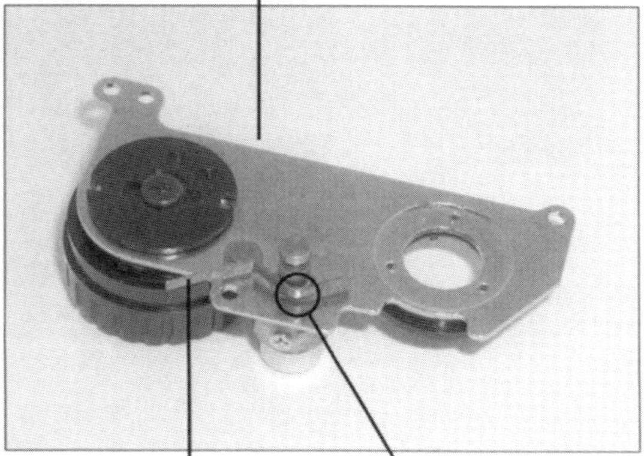

1 この金具はこの位置に来るようにしておく。

ここの曲がり具合は重要。正規の状態よりも曲がりが浅いと、露出計のスイッチが切れなくなる。逆に曲がりがきつすぎると、シャッターロックが効かず露出計のスイッチが入らなくなる。正規の状態よりも少しだけきつくすると、露出計のスイッチは正常のままで、シャッターロックだけを無効にできる。

2 この部分のスイッチの位置関係を間違えないように、シャッターダイヤルの基板を乗せる。

3 3ヵ所をネジ止めする。

コラム

シャッターロックと露出計のスイッチの仕組み

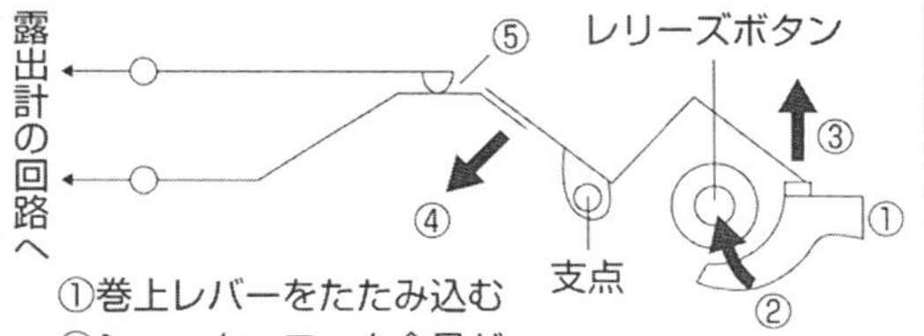

①巻上レバーをたたみ込む
②シャッターロック金具がレリーズボタンをロックする
③テコを押す
④接点が離れるように押す
⑤露出計スイッチが切れる

フィルム感度ダイヤルの基板の取り付け

2 バネを忘れずに入れる。

1 オレンジと灰色のコードをここに通す。

3 巻き戻し軸を入れる。

4 ここのミゾとツメが噛み合うように乗せる。

メモ

ここまで来れば、分解と逆手順で組み立てるだけで元に戻ります(取り外したリード線の半田付けは慎重に!)。さて、うまくできたでしょうか? このXR500の分解と組み立てが楽にできるようになったら、かなりの実力が付いたと考えても良いでしょう。技術に不安な部分があるときは、この機体を使って何度も繰り返し練習してみてください。では、自信を持って次にいきましょう!

2-5 Canon AE-1 Program

Canon AE-1 Program（AE-1P）は、「連写一眼」のキャッチコピーで爆発的に売れたAE-1の後継機です。AE-1の陰に隠れてやや地味な存在ですが、実用性という点ではAE-1よりも遥かに優れています。特に、露出補正（フィルム感度ダイヤルで補正する）が楽にできるようになっている点が大きな特長です。また、ステディグリップの装着やシャッターダイヤルの位置など、細部もよく考えられていて、トータルの使い勝手が非常に良いカメラです。

しかし、このカメラにも問題はあります。まず、Canon Aシリーズ共通の欠点である「シャッター鳴き」が挙げられます。「シャッター鳴き」とは、ガバナのオイル切れによって、シャッター動作時に「キュイン」という不快な音が発生する現象です。単に不快なだけでなく、シャッターユニットの動作を遅らせ、モータードライブを使用する際などに実害が出るとも言われています。

また、キヤノンの一眼レフには、なぜかアイピースの内側にカビが発生しやすいという問題があります。きちんと統計を取って調べたわけではありませんが、少なくとも初期EOSのころまでは、他社製の一眼レフに比べてカビの発生頻度が高いように感じます。さらにAシリーズでは、原因不明でシャッターが落ちなくなることや、常時レリーズボタン半押し状態になって、電池が異常消耗したり、レリーズボタンがフェザータッチ（？）になってしまうこともあるようです。

AE-1Pの分解はそれほどやさしくはありません。当時としては飛躍的な「ユニット化」を謳った機種ですが、実際に分解に取り掛かってみると、フレキ（フレキシブル基板）やリード線、Cリングが多く、面倒で気を使います。しかし、AE-1と違って露出連動糸を使っていないので、分解中に糸を切ってしまうというリスクはありません。この点は少し安心です。

■発売年月	1981年4月
■標準価格	60,000円
■型式	シャッター優先AE／マニュアル機
■マウント	FDマウント
■測光方式	TTL開放測光(中央重点平均測光)
■シャッター	電子制御横走り布幕シャッター(最速1/1000")

AE-1Pを安く入手することは、そんなに簡単ではありません。AE-1は300万台以上売れた超ベストセラー機でしたが、AE-1Pはそこまで売れませんでしたし、実用性が高いために人気が高く、中古価格も高止まりしています。玉数が多くないので、ジャンク品を見つけるのも少し難しいかもしれません。オークションなどで程度の悪いものを安く入手するのが良いでしょう。

分解の目的

■ファインダーの掃除
■シャッター鳴きへの対処
■レリーズ電磁石の清掃

必要な工具

■ドライバ各種(プラスの0番が中心)
■カニ目レンチ
■シャッターオープナー
■スナップリングプライヤ
■半田ゴテ
■ピンセット
■綿棒、爪楊枝、クリーナーなどの清掃用品

トップカバーを開ける

AE-1Pのトップカバーを開けるのは比較的面倒です。工程数が多い上、Cリングを外すのはビギナーには少々骨です。また、トップカバーは本体のフレキとリード線でつながっているので、トップカバーが開いたからといって、うかつにひっぱらないようにしてください。

なお、AE-1Pのファインダー系は、右図のような構造になっています。AE-1Pはスクリーン交換式なので、スクリーンとペンタプリズムの間は簡単に掃除できます。また、AE-1Pではペンタプリズムの固定にモルトプレーンは使っていないので、プリズムが腐蝕する可能性はほとんどありません。結局、トップカバーを開けて清掃しなければならないのは、ペンタプリズムとアイピースの間のみです。

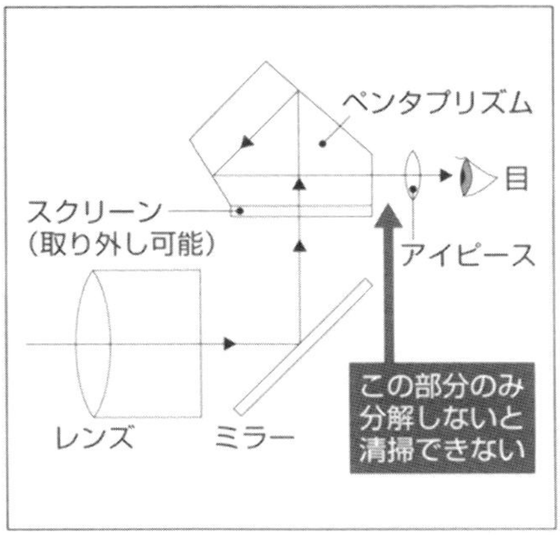
ペンタプリズム
目
スクリーン
（取り外し可能）
アイピース
レンズ
ミラー
この部分のみ分解しないと清掃できない

巻き戻し軸と感度ダイヤルを分解する

1 裏蓋を開ける。

2 巻き戻し軸の溝にドライバを挟んで固定する。

3 巻き戻しクランクを反時計回りに回して取る。

4 ワッシャを取る。

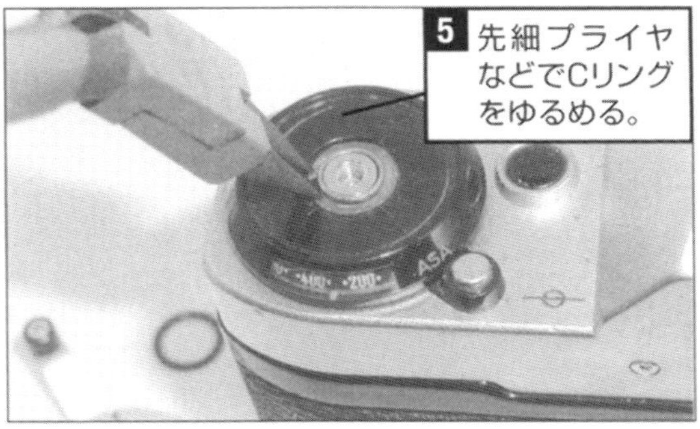

5 先細プライヤなどでCリングをゆるめる。

6 Cリングが緩んだら、精密ドライバでこじ開けるようにして取り外す。

POINT
Cリングに気を付けろ!

注意

Cリングを外すと、勢い余って跳んでしまいます。なくさないように、リングを指で押さえながら取り外してください。なお、うまくいかないときはスナップリングプライヤを使って下さい。

7 フィルム感度ダイヤルを取り外す。

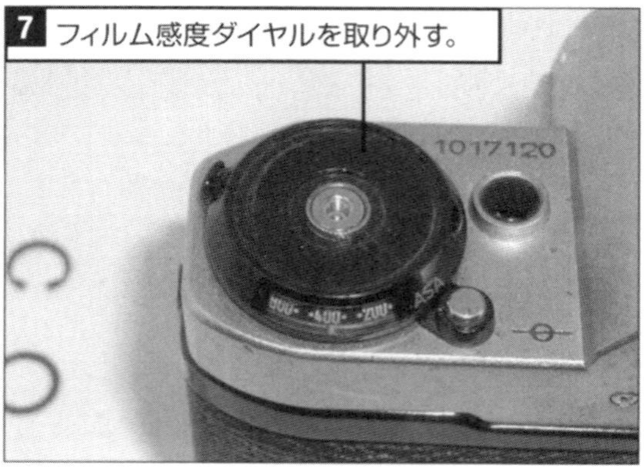

8 この黒いパーツを取り外す。

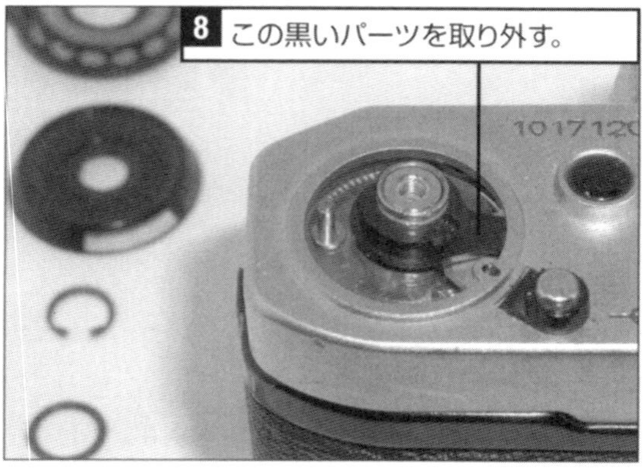

注意

このパーツは感度ダイヤルの基点を決める大事なものです。どういう状態ではまっていたか、デジカメ等できちんと記録を取っておいてください。

9 巻き戻し軸とフィルム感度ダイヤルが分解できた。

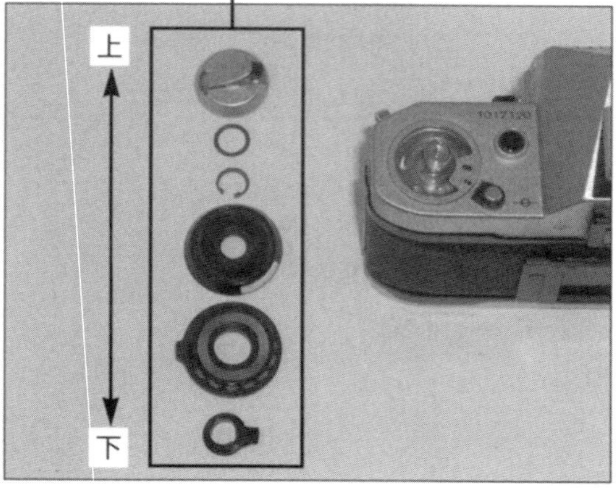

巻き上げ軸を分解する

1 巻き上げレバーのカバーの上部にあるゴムをはがす。

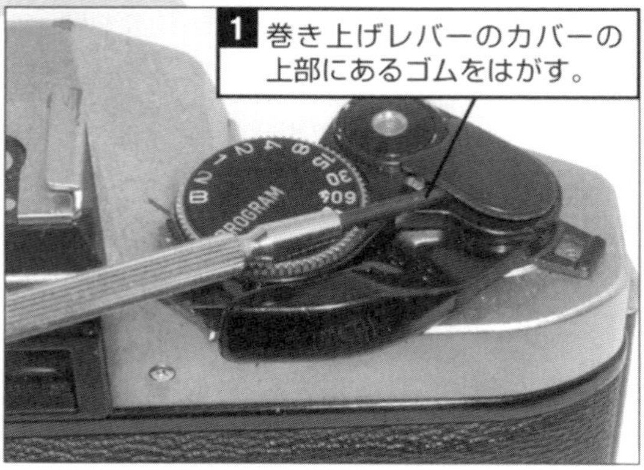

2 ここのネジ2本を取り外して、巻き上げレバーのカバーを外す。

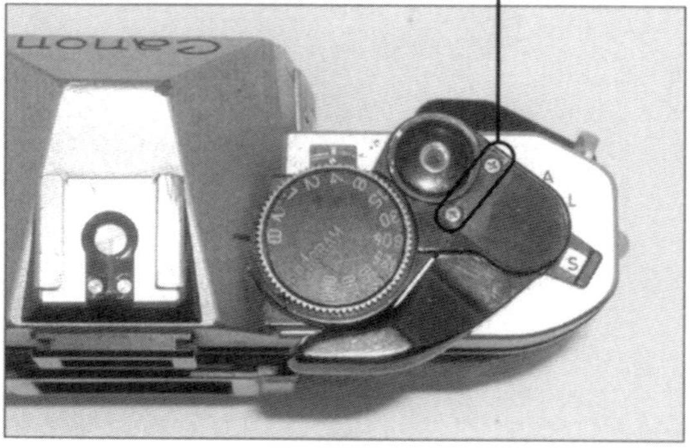

3 先丸のカニ目レンチなどで円板を反時計回りに回して分解する。

4 巻上軸を分解する。

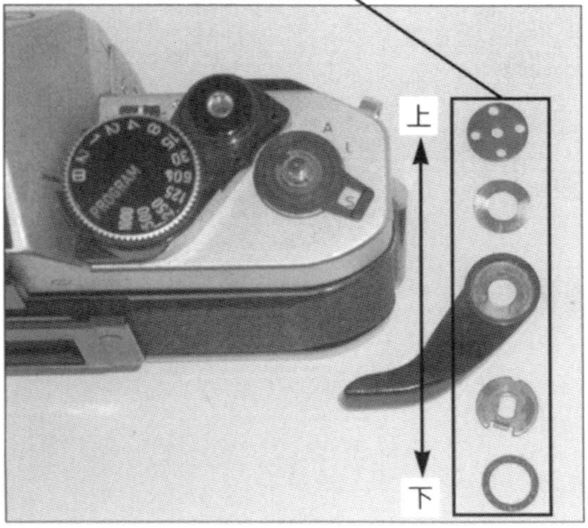

5 Cリングを外す。

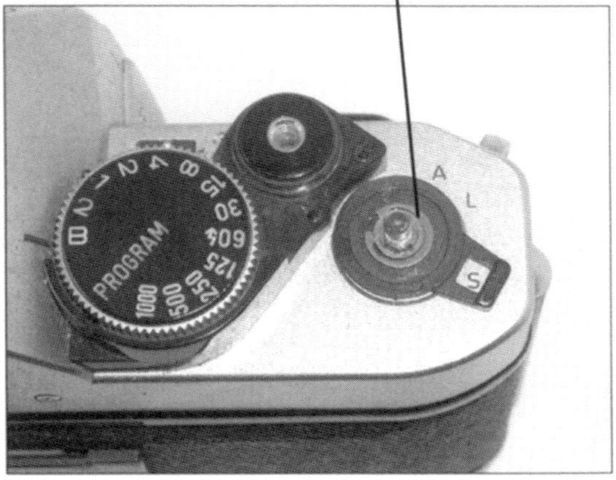

6 メインスイッチのレバーを取り外す。

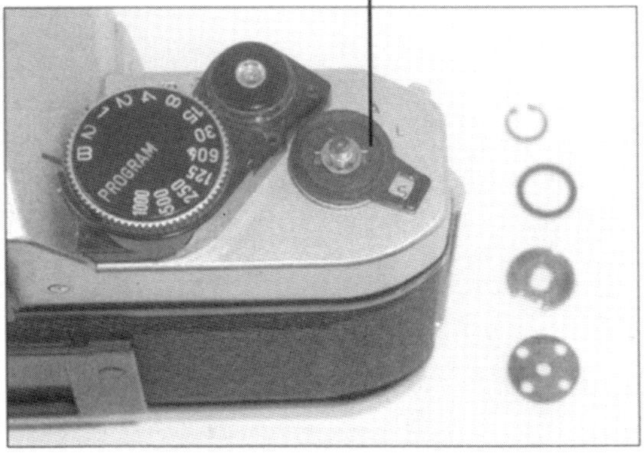

トップカバーを開ける

1 フロントカバーのネジ4ヵ所を取り外す。

2 フロントカバーを取り外す。

3 ここのネジを2ヵ所取り外す。

ここのボタンは外れるので、なくさないよう注意。

4 トップカバーの回りのネジ4ヵ所を取り外す。

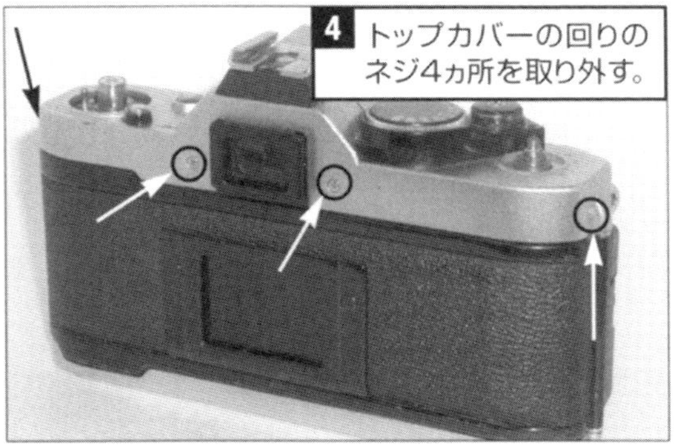

基礎編

ボディ編

レンズ編

5 トップカバーを取り外す。リード線を切らないように注意。

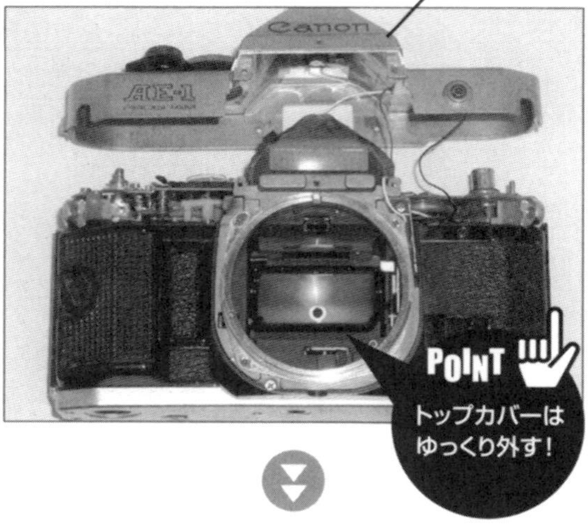

6 半田付け2ヵ所(白線と緑線)を取り外す。

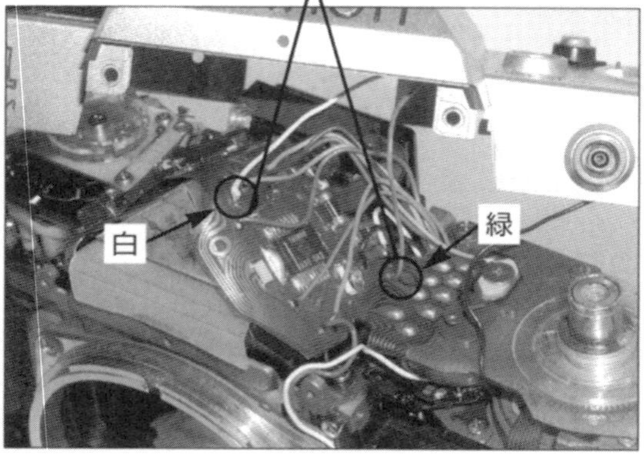

7 半田付け(黒線)を取り外す。これでトップカバーと本体を分離できる。

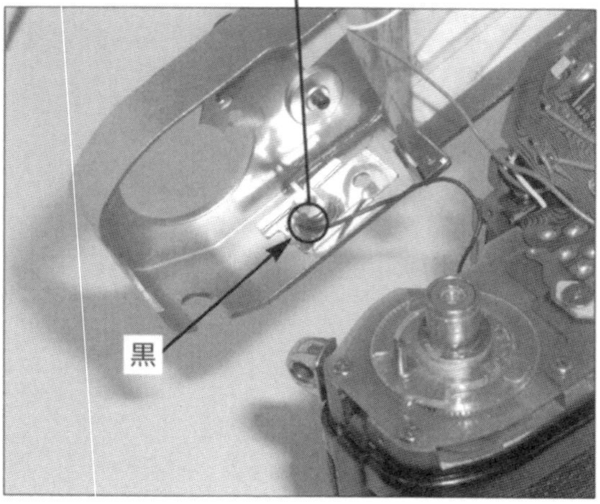

アイピースを取り外す

1 アイピースの両側のネジを外す。

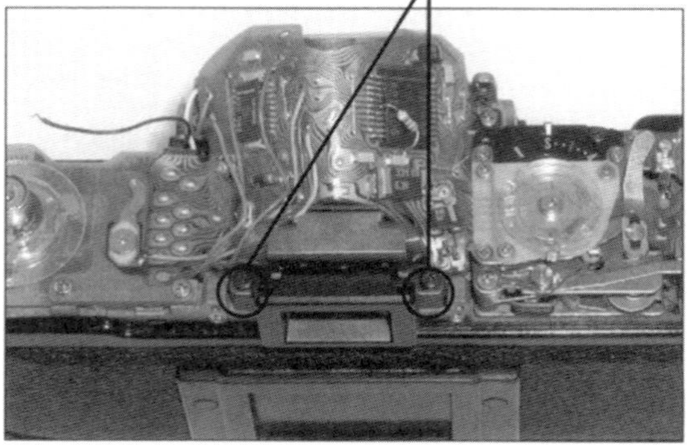

2 アイピースを取り外して内側を清掃する。

3 プリズムも清掃する。

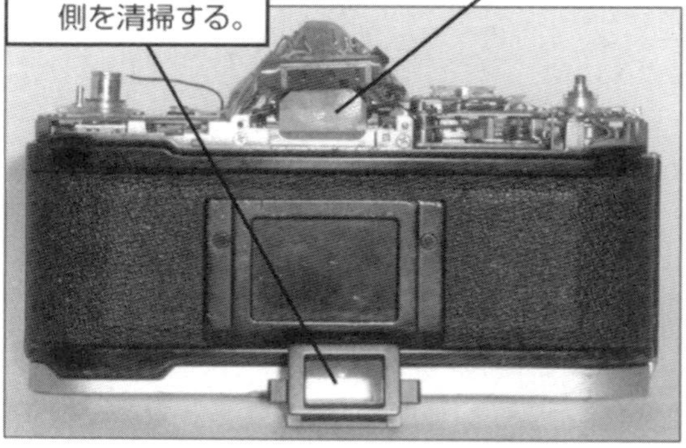

スクリーンを取り外す

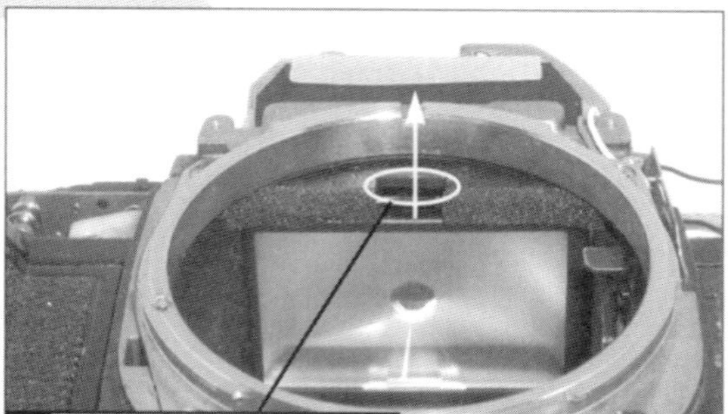

1 ここを上方向に押す。

2 プリズムを清掃する。

コラム

シャッター半押しのチェック

Aシリーズでは、シャッターボタンが常時半押し状態になり、ちょっと触れただけでも切れてしまうという不具合が起こります。「フェザータッチ」と言えば聞こえが良いのですが、シャッターに常に通電しているため、高価な4LR44電池があっという間になくなってしまいます。このフェザータッチ化の原因は、シャッターボタンの3枚のスイッチの1枚目が曲がって、2枚目と接触してしまうためです。

ペンタプリズムの取り外し

先にも述べたように、AE-1Pのファインダー系の掃除で分解が必要なのは、プリズムとアイピースの間だけです。通常はプリズムを取り出す必要もありません。ここからはプリズムの取り出し方を説明しますが、これは必ずしも必要でないばかりか、ちょっとした不注意でフレキ（フレキシブル基板）を断線して、完全にご臨終にしてしまう危険性があります。プリズム交換の必要がなければ、ここは飛ばしてください。

シャッターダイヤルの基板をゆるめる

1 この基板のネジ3ヵ所を外す。

2 シャッターダイヤルの中心のネジを外して、シャッターダイヤルを取り外す。

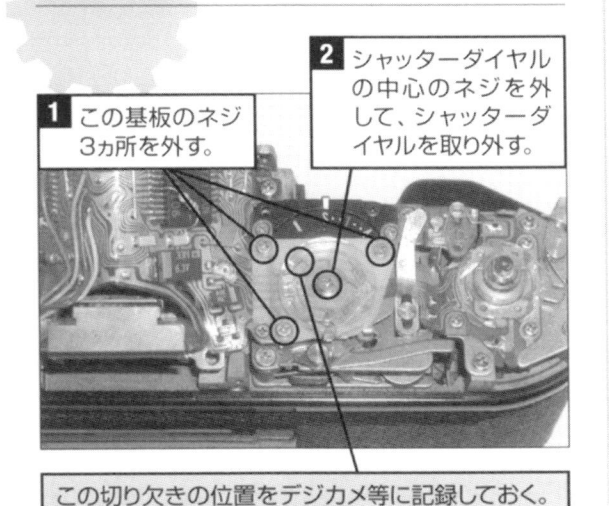

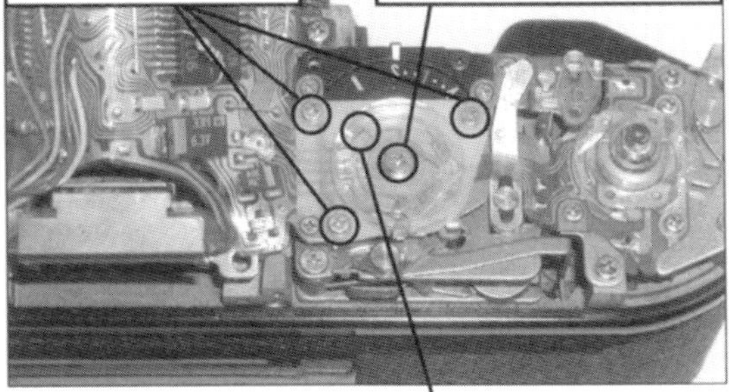

この切り欠きの位置をデジカメ等に記録しておく。

3 これでフレキが浮く。

フィルム感度ダイヤルの基板をゆるめる

1 この基板のネジ4ヵ所を外す。

2 このCリングを外して、ダイヤルを取り外す。

このピンの位置をデジカメ等に記録しておく。

3 これでプリズムを押さえているフレキが浮くようになる。

プリズム押さえを取り外す

1 フレキを慎重に持ち上げる。

2 プラカバーをめくる。

POINT フレキを切るな!

3 プリズム押さえのバネを取り外す。

4 反対側のバネも取り外す。

注意

フレキはきわめて慎重に扱ってください。切れると取り返しが付かなくなります。

注意

バネの取り外しにも注意してください。うかつに取り外すと、どこかに飛んで行ってしまうことがあります。

5 バネを外すと、金属製のカバー、プラスチックのカバーに続いてプリズム本体を取り出せる。

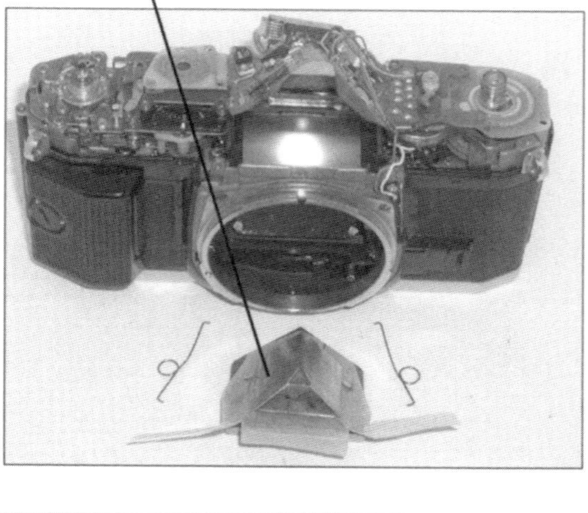

レリーズ用コイルのチェックと清掃

Aシリーズでは、巻き上げも露出計も正常で電池切れでもないのに、突然シャッターが落ちなくなることがあります。原因はさまざまですが、このような場合にはまず底蓋にあるコイルをチェックしてみると良いでしょう。

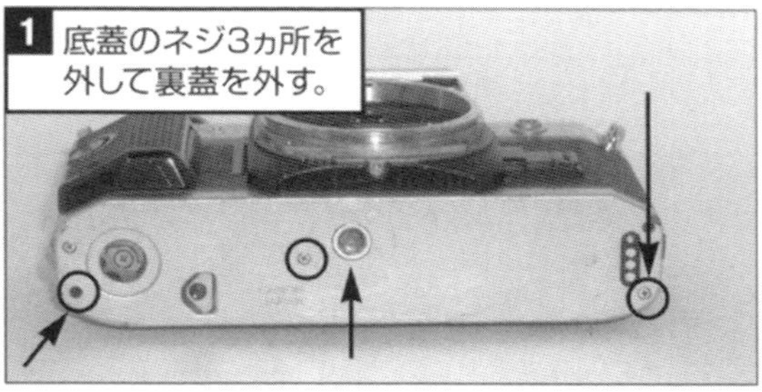

1 底蓋のネジ3ヵ所を外して裏蓋を外す。

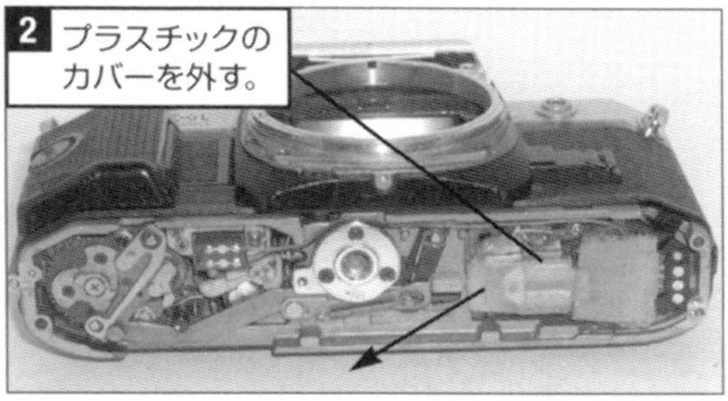

2 プラスチックのカバーを外す。

メモ

このカバーには切れ目が入っているので、矢印の方向に引っ張れば外れます。ただし、このコイルは非常に重要な部分なので、間違っても断線などをしないように、慎重に作業をしてください。

3 もしこの状態になっていたら、このテコをドライバで矢印方向に跳ね上げる。これで、シャッターが落ちる。

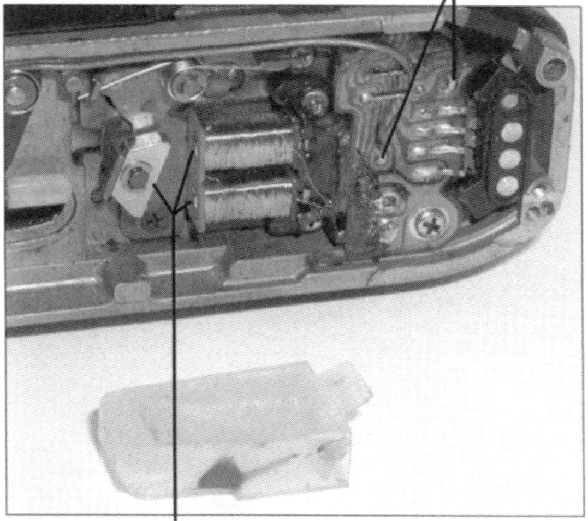

レリーズの際は、ここに電流が流れる。

4 この面をベンジン等できれいに掃除する。

コラム

レリーズの原理と故障

このコイルの芯は永久磁石になっています。そのため、通電していない状態でテコとコイルを近づけると、両者はぴったりとくっつきます。レリーズの際には、永久磁石の周りのコイルに電流が流れ、永久磁石の磁力を打ち消すように磁界を発生させます。そうなると、テコはバネで跳ね上げられ、その後の一連のレリーズ動作が実行されます。

したがって、シャッターが落ちない場合の原因は、「①電流が流れないために永久磁石の磁力を打ち消すことができない」または「②電流は流れているのにテコとコイルが離れない」のいずれかです。①の場合は電気回路の故障ということになるので、素人では修理は難しいかもしれません。

しかし、②の場合はここで紹介した掃除で直ることがあります。この面に水分や油が入り込むと接着効果が生じるからです。これは、2枚のプラスチック製の下敷きの間に水をたらして重ねてみればすぐにわかります。水だろうが油だろうが、平面の間に液体が入り込むと、接着効果が生まれて離れにくくなってしまうからです。そのため、この面の掃除には水ではなく、揮発性の高いベンジンなどを使ってください。なお、潤滑油や接点復活剤は逆効果になるので、絶対に使用しないでください。

前板とミラーボックスの取り出し

Canon Aシリーズの最大の弱点は、ほとんど不可避的に起きるシャッター鳴きです。たいていはガバナに注油すれば直りますが、そのためには、ミラーボックスを取り外さなくてはなりません。ミラーボックスの取り外しはかなりリスクの伴う作業になるので、気をつけて作業してください。

貼り革を剥がす

1 コインを使ってグリップを外す。

前述の方法で、あらかじめフレキをゆるめておく。

メモ

シャッター鳴きを直す簡易的な方法として、マウント部のネジを1本外して、ネジ穴から注射器で注油する方法があります。単にシャッター鳴きを直すだけならば、こちらの方が安全で簡単です。具体的な方法に関しては他書を参考にしてください。

2 貼り革を剥がす。

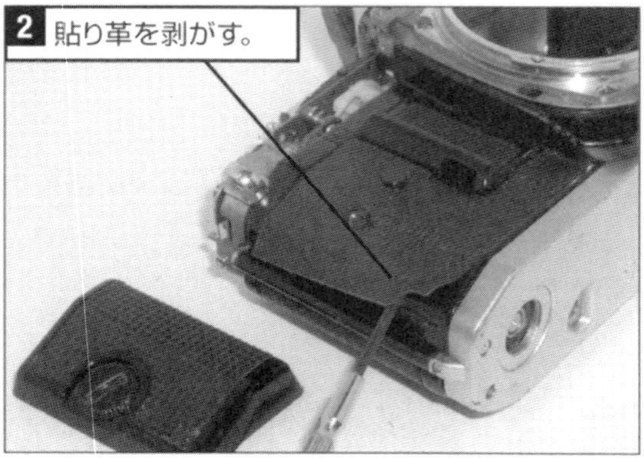

3 反対側の貼り革を剥がす。

前板を外す

1 前板を止めているネジ5ヵ所を外す。

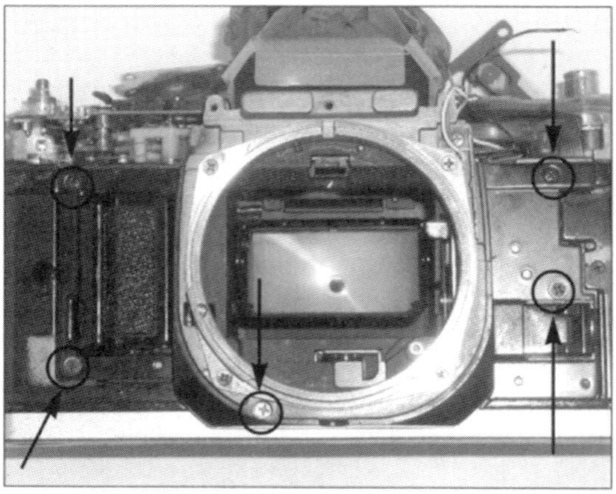

2 フィルム感度の基板を慎重にめくり上げる。

3 圧電ブザー（？）を止めているネジ3ヵ所を外す。

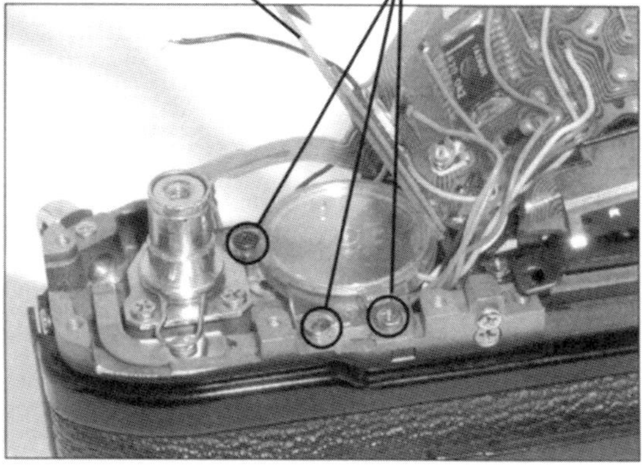

4 アイピースの下のネジ2本を外す。

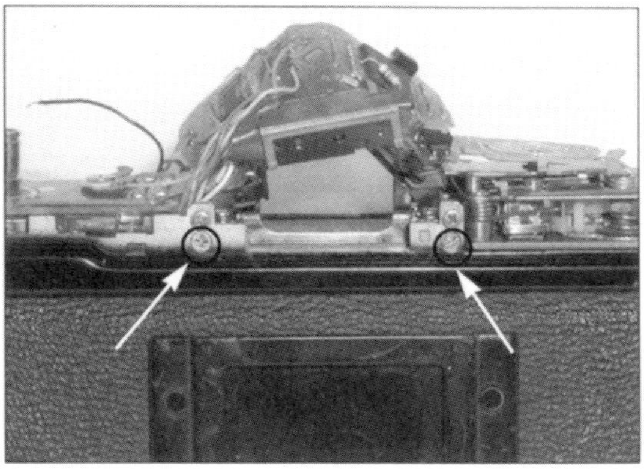

ミラーボックスを取り出す

1 ミラーボックスを慎重に取り出す。

注意

ミラーボックスとボディはまだリード線でつながっています。慎重の上にも慎重に取り外してください。

2 シャッター鳴きの原因はここ。ここに希釈したオイルをごく少量差すと直る。

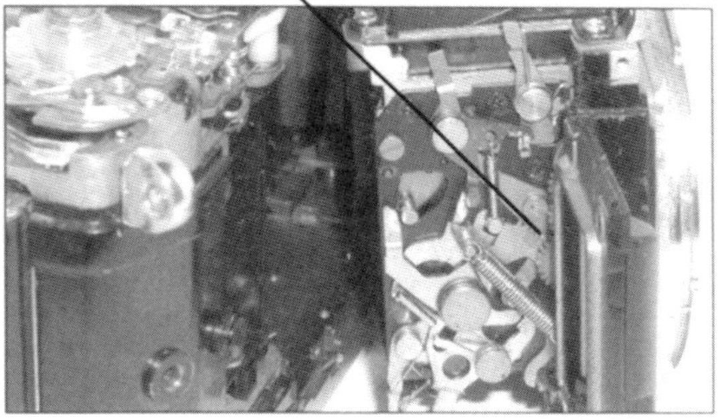

3 こちらはAE機構。こちら側には注油しないこと。

2-6 Nikon EM

■発売年月	1980年3月
■標準価格	40,000円
■型式	絞り優先AE専用機
■マウント	Nikon Fマウント（Ai）
■測光方式	TTL中央重点平均測光
■シャッター	電子制御縦走り金属羽根シャッター（最速1/1000"）

ニコンは、その高い技術力と信頼性で、カメラ界で揺るぎない地位を築いてます。しかし、なぜか昔からビギナー機や大衆機を作るのが下手でした。マトモなビギナー向け一眼レフを作れるようになったのは、実はここ数年のことで、それ以前はワザと素人受けしないように作っているとしか思えないような機種がほとんどでした。そうしたニコンのビギナー機の中で、例外中の例外と言えるのがこのNikon EMです。

EMがほかのニコンのカメラと決定的に違うのは、スペックも質感も造りも非常に「チャチ」だということ、そしてそのチャチさが、すべて良い方向に働いているということです。もちろん、正統派ニコンファンの中には、EMを全く評価しない人もいます。また、ニコン自身も、日本のユーザーのシビアな目を恐れてか、海外で先行販売したため、当初は逆輸入機がプレミア付きで売買されていたという、いわく付きの機種です。確かに、全体的にカチャカチャ、パコパコしていて、強度的にも不安がありますが、持っていると何となくフワフワした気分になれる不思議なカメラです。

EMはニコンのカメラとしてはかなり故障が多い部類だと思います。典型的な故障には、光線洩れ、AE不良、高速シャッター不良の3つがありますが、この中で素人でも簡単に直すことができるのは、光線洩れです。これは裏蓋ヒンジ部のモルトの劣化によって起こります。AE不良の原因はマウント周りの摺動抵抗の劣化ですが、この修理には部品交換が必要です。交換部品が入手できなければ、清掃でお茶を濁すしかないでしょう。なお、高速シャッター不良の原因は筆者にはわかりませんが、ミラーボックスの側面にあるシャッターの制御系が怪しいような気がします。

EMの分解はかなり面倒な部類だと思います。構造が単純なわりには分解しにくい作りになっているように感じます。特に、半田を外さなければならないリード線が多く、面倒です。なお、EMには製造時期によって構造が異なるバージョンがいくつかあり、分解の方法も若干異なるようです。したがって、本書で紹介する方法ですべてのEMが分解できるわけではありません。この点は特に注意してください。

なお、筆者が確認している限りでは、故障のおきやすい前期型、故障のおきにくい後期型、それに輸出用（通称“青ドット”）の3種類があります。本書では後期型を中心に分解方法を説明しています。

分解の目的

■ファインダー系の清掃
■AE用摺動抵抗の清掃
■ヒンジのモルトの貼り替え
■ミラーボックスの取り出し（動作チェック）

必要な工具

■ドライバ各種（プラスの0番が中心）
■ゴムアダプタ
■スナップリングプライヤ
■半田ゴテ、半田吸い取り器
■ピンセット
■綿棒、爪楊枝、クリーナーなどの清掃用品

ファインダー系の清掃

最初に、トップカバーを開けてアイピースの内側を清掃します。トップカバーを開ける作業はそれほど難しくありませんが、この段階ではまだプリズムは降ろせません。

巻き戻し軸を分解する

1 裏蓋を開ける。

2 巻き戻し軸の溝にドライバを差し込んで固定する。

3 巻き戻しクランクを反時計回りに回して外す。

4 巻き戻しクランクと巻き戻し軸を取り外す。

5 ここにビニールテープを貼って閉まらないようにしておく。

メモ

軸のない状態で裏蓋を閉めてしまうと、開けるのに苦労します。

6 スナップリングプライヤでCリングを外す。

POINT
Cリングには
スナップリング
プライヤ!

メモ

これまでの機種では先細プライヤやドライバを使ってCリングを外していましたが、EMのこの部分に使われてるCリングは非常に外しにくいので、スナップリングプライヤを使ってください。ドライバなどで無理矢理外すと傷だらけになります。

このツメの位置は動かさないように注意すること。

7 フィルム感度ダイヤルを外す

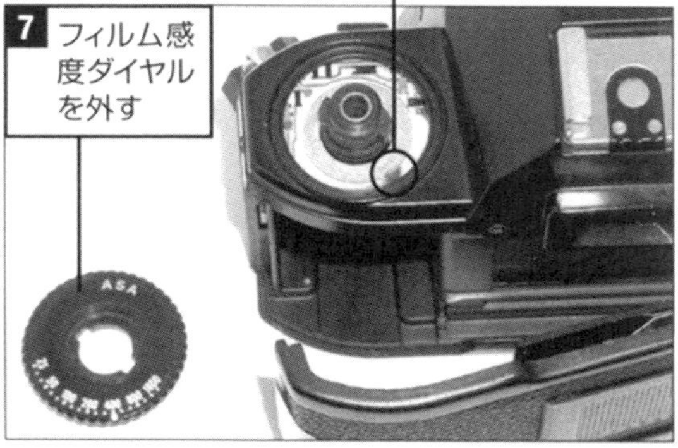
ASA

巻き上げ軸を分解する

レリーズボタンの周りのプレートカバーを取り外す。

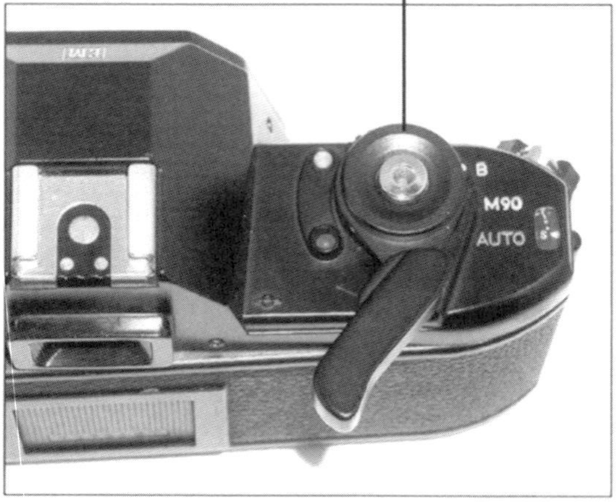

1 巻き上げレバーの根元にある小さなネジをゆるめる。

メモ

EMにはいくつかのバージョンがあり、この部分にネジのないものもあります。ただし、ネジがない場合は、どうやってプレートカバーを止めているのか不明です。少なくとも筆者が持っている機体の場合、止めネジらしいものがどこにもないのにもかかわらず、プレートカバーはどうやっても回りません。

ネジを外す必要はなく、このくらい出しておけば良い。

2 ゴムアダプタでカバープレートを時計回りに回す。

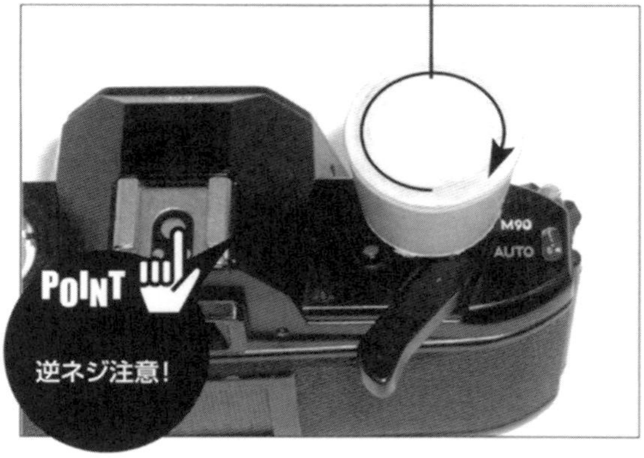

モードスイッチの位置を記録しておく。

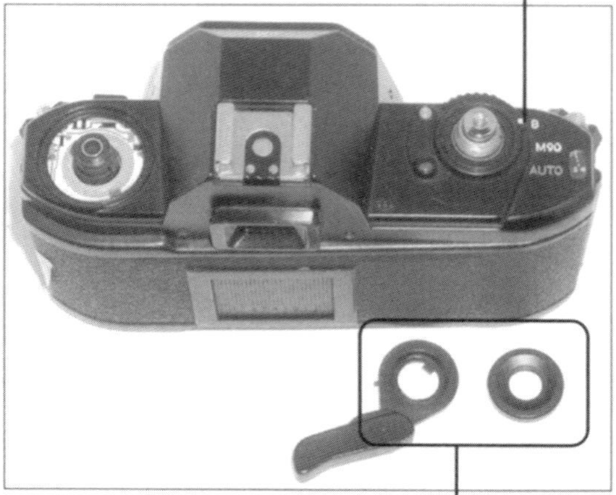

3 プレートと巻き上げレバーを分解する。

トップカバーを外す

1 トップカバーを止めている6ヵ所のネジを外す。

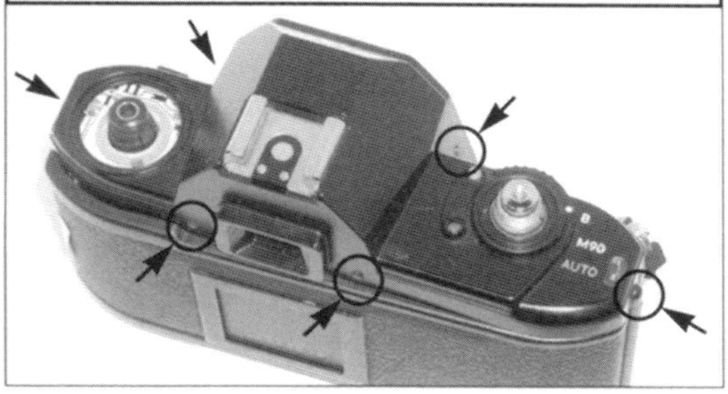

2 トップカバーを丁寧に外す。

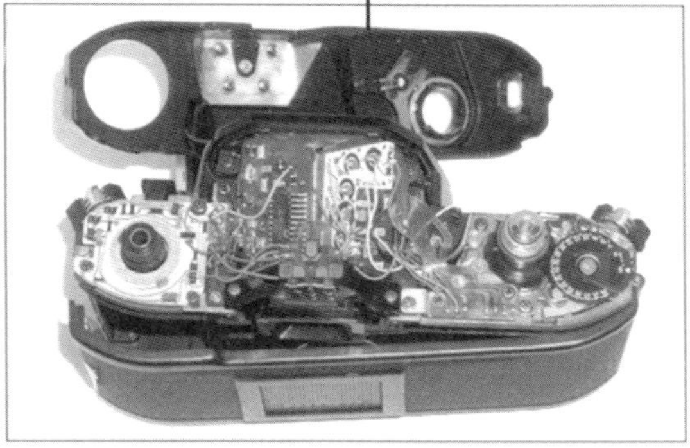

注意

トップカバーと本体はリード線でつながっています。リード線を切らないように気を付けてください。なお、このリード線は電子音用だと思われます。

3 トップカバーとつながっている2本のリード線の半田付けを外す。

4 トップカバーを取り外す。

光線漏れがある場合はここのモルトを交換する。

トップカバーを外すと裏蓋も外れる。

メモ

裏蓋を取り外しておくとシャッター羽根を傷める危険性があるので、作業中は裏蓋を付けたままにしてください。

アイピースを取り外す

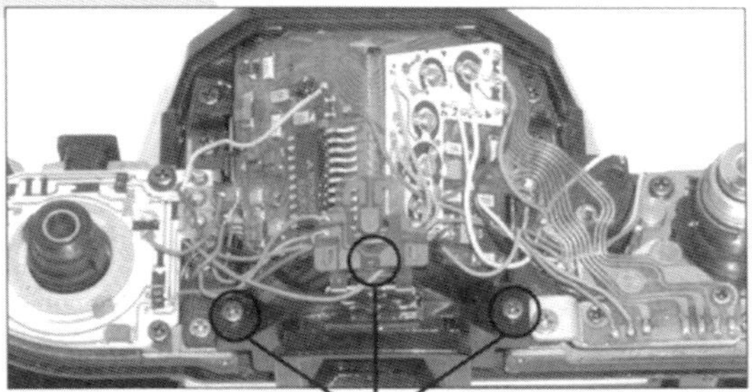

1 アイピースを止めている3本のネジを外す。

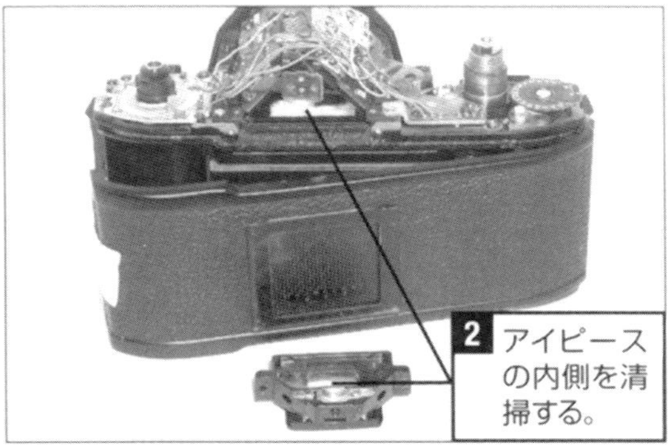

2 アイピースの内側を清掃する。

AE用摺動抵抗の清掃

次に、マウント部を分解して摺動抵抗を清掃します。EMを使っているとAEの動作が不安定になるという症状がよく起こりますが、これは摺動抵抗の汚れや磨耗が原因だと言われています。根本的に修理するには部品交換しか方法がないと思いますが、とりあえず状態だけでもチェックしてみてください。なお、EMは、マウント部を分解してカバーを外さないと、プリズムを降ろすことができません。

1 マウントを止めているネジ4本を外す。

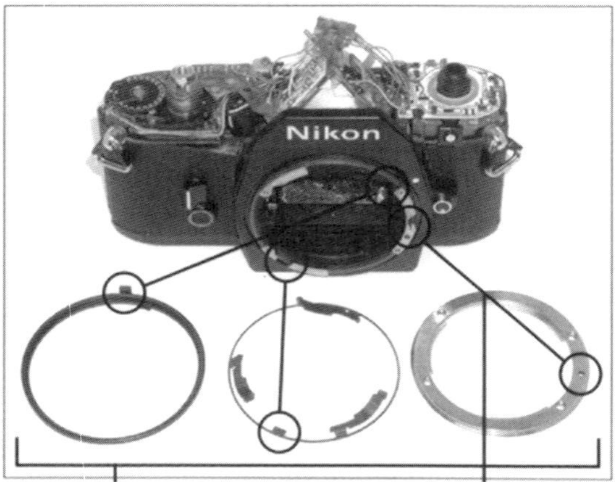

2 マウントも含め3つのリングを外す。

組み立て直すときは、それぞれ対応する部分がはまるようにする。

メモ

トップカバーを開けなくても、マウント部分は分解できます。AEが不安定なだけでほかに問題がなければ、トップカバーを開ける必要はありません。

3 マウントのカバーの底のネジを外す。

このボタンも外しておく。

4 マウントのカバーと絞り連動リングを外す。

5 摺動抵抗をアルコールなどでクリーニングする。

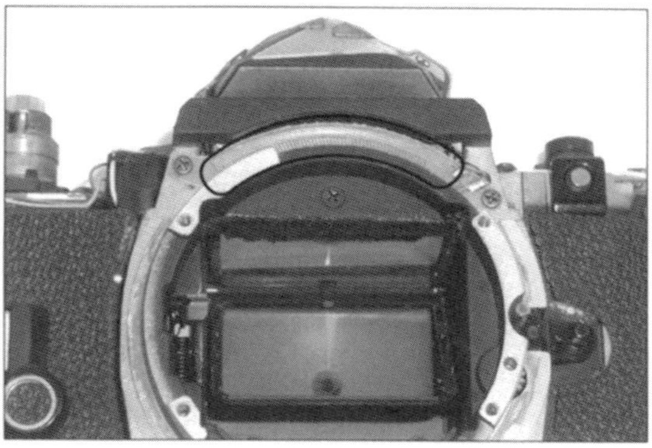

メモ

分解した絞り連動リングを組み立てるときは、次のように作業します。リングを反時計回りに回したとき、バネで逆方向に戻るようにしてください。

1 リングをはめて浮かせておく。

2 この穴の奥にあるマイナスネジを精密ドライバで反時計回りに数回回す。

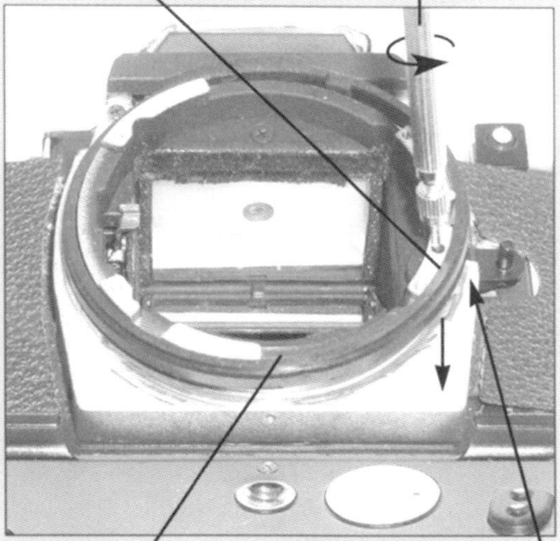

3 ドライバでネジを固定したまま、リングをしっかりはめ込む。

この部分のギアとリングに付いているギアを噛み合わせる。

メモ

EMの摺動抵抗には、前期型と後期型の2種類があります。AEの動作が不安定になるのは、主に前期型のほうです。

前期型

後期型

プリズムの取り出し

プリズムを取り出すためには、ペンタプリズム上のフレキ基板につながっているリード線を何本も外さなければなりません。かなり根気と技術が要求される作業ですので、プリズム掃除が必要でなければ避けたほうが良いとは思います。ただし、このリード線を外しておかないと、ミラーボックスの取り出しもできません。

ISO感度基板を外す

1 ISO感度基板を止めているネジ3ヵ所を外す。

2 ISO基板を丁寧にはがす。

メモ

この基板はボディに軽く接着されているようです。基板を傷つけないように、丁寧に剥がしてください。

プリズム押えを外す

1 プリズムを止めているネジ4ヵ所を外す。

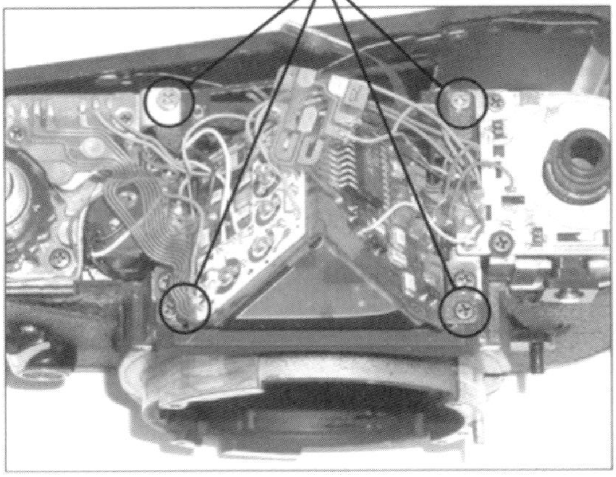

2 プリズム押えの棒バネを外す。

3 反対側の棒バネも外す。

メモ

この棒バネを外すためには、かなりの力が必要です。

リード線を外す

1 2本の黒いリード線を外す。

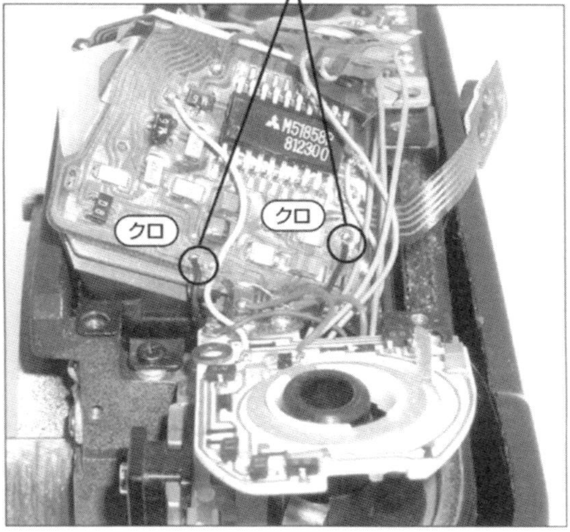
M51858P
812300
クロ
クロ

2 右側の黒のリード線はブリッジでもう1ヵ所に半田付けされているので、そちらも外す。

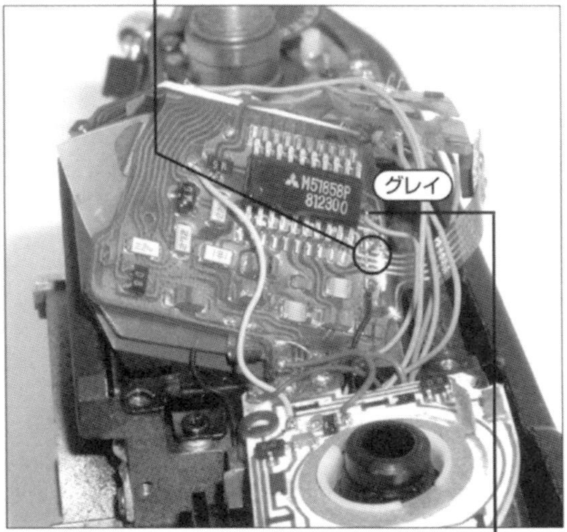
M51858P
812300
グレイ

3 グレイのリード線を外す。

4 赤色のリード線は外す。これもブリッジされているので、2ヵ所外す。

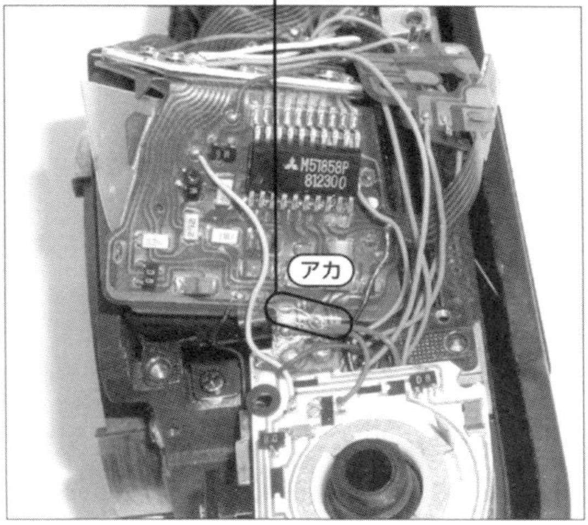
M51858P
812300
アカ

5 茶色のリード線を外す。

茶色

メモ

リード線のブリッジは次のような構造になっています。

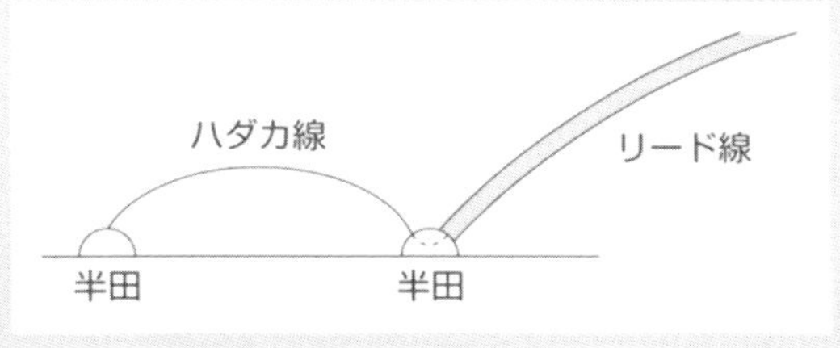
ハダカ線
リード線
半田
半田

6 ペンタプリズムの反対側にあるグリーンとオレンジのリード線を外す。

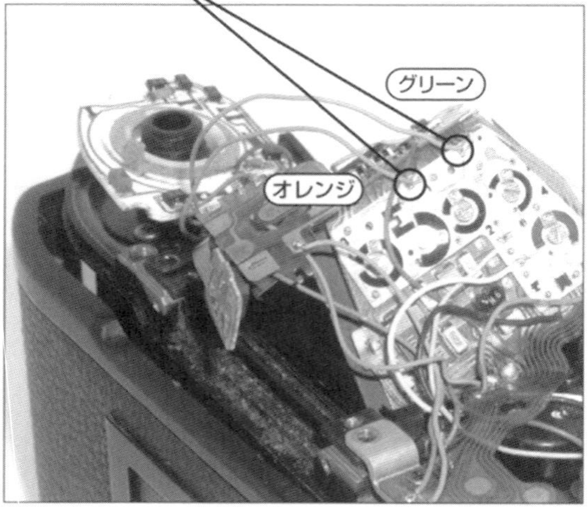

プリズムを取り出す

1 フレキをめくり上げる。

POINT
リード線は巧みにさばけ!

注意

フレキをめくり上げるときは、リード線を上手にさばいてください。無造作にめくり上げると、外してないリード線が切れてしまいます。

2 プリズムを取り出す。

このボタンは外れやすいので、あらかじめ取っておくこと。

コラム

ニコンのカメラの分解

いろいろなメーカーのカメラを分解していると、内部構造にもメーカーごとの特徴があることがわかってきます。1つの機能を実現するにもさまざまな方法がありますが、どの実現方法を採用するかによって、各メーカーの方針が見えてきます。コスト重視のメーカーもあれば、信頼性重視のメーカーもあります。もちろん、カメラのグレードによる違いもあります。

通常、ニコンのカメラでは、コストは掛かっても質感や信頼性を優先するという方針が取られているようです。特に中級以上の機種を分解してみると、異様に凝っているのがわかります。部品点数も多いですし、半田付けすら簡単には外れないようになっています。質感の高さや頑丈さはニコンのカメラの代名詞になっていますが、分解してみるとそれが実感できます。これじゃあ高いわけだ…と納得することでしょう。

しかし、このEMに関しては、それほど凝った印象は受けません。ニコンのお家芸である裏蓋のセーフティーロックも、巻き上げレバーによるシャッターロックも、このEMにはありません。ラチェット(小刻み)巻き上げできるのが、不釣り合いな印象さえ受けます。FEなどと比べると、部品点数もかなり少ないようです。そもそも、AE専用機というのがニコンらしくありません。また、プラボディの頼りなさも気になります。

EM開発の背景には各メーカー揃ってのコストダウン競争があったようですが、EMはニコンがコストダウンのために一線を越えた、唯一の機種なのかもしれません。

ミラーボックスの取り出し

EMには、高速撮影時にシャッターが開かなくなるという故障がよく起こります。筆者には原因はわかりませんが、おそらくシャッター制御系の部品が錆びていたり、緩んでいたりということが問題ではないかと思います。こうした状態をチェックするには、ミラーボックスを取り出す必要があります。

フレキ基板をはがす

1 この2本のネジを外して、下の金属板を取り除く。

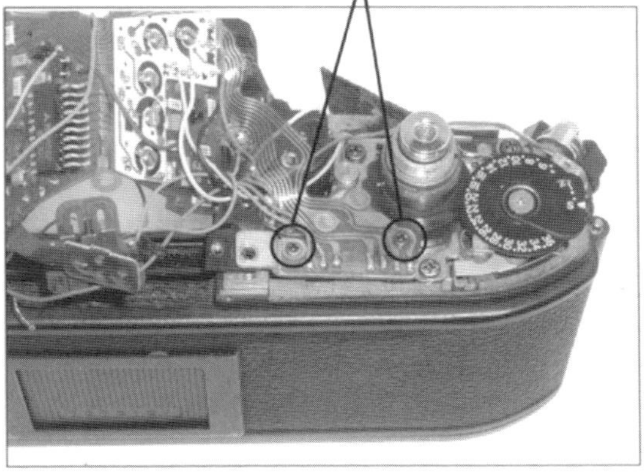

2 この2ヵ所の半田を取って、フレキを本体からはがす。

メモ

半田ゴテで半田を溶かしたあと、半田吸い取り器で吸い取ると良いでしょう。

この2本のピンがフレキを固定していた。

3 アイピース部のムラサキのリード線を外す。

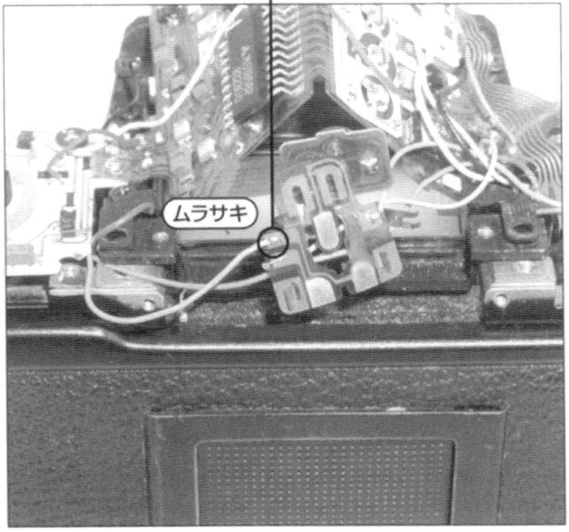

前板を外す

1 セルフタイマーの中央の貼革をはがす。

2 真ん中のネジを外してセルフタイマーレバーを外す。

3 前板の貼革をはがす。

4 貼革の下のネジ2本を外す。

5 反対側の貼革もはがして下のネジ2本を外す。

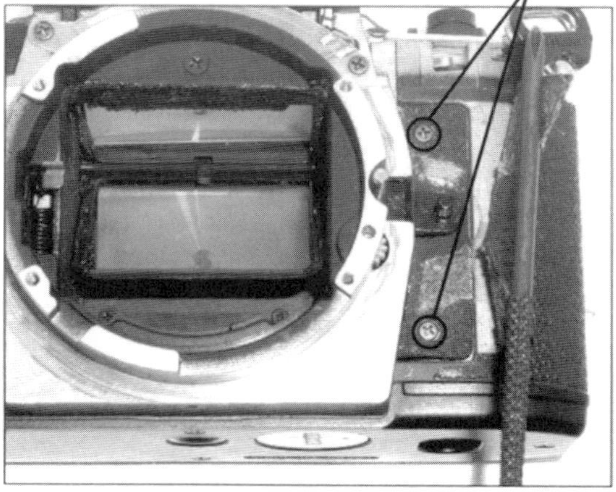

前板を外す

1 ミラーボックスをゆっくり慎重に引き出す。

2 シャッターとミラーの制御系の動きをチェックする。

メモ

ミラーの制御系を動かしながら、動きの悪い箇所やゆるんでいる箇所がないか、チェックしてみてください。

メモ

EMは分解の逆手順で組み立てることができます。ただし、巻き戻しクランクを付けずに裏蓋を締めてしまわないように気を付けてください。また、巻き戻し軸の外筒には上下があり、上下を間違えて取り付けると裏蓋が開かなくなります。

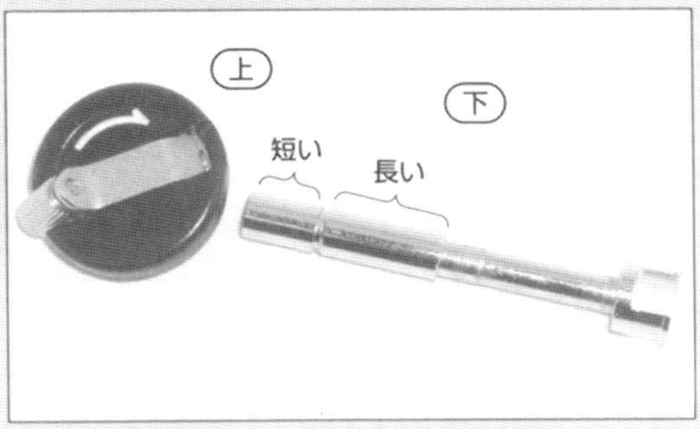

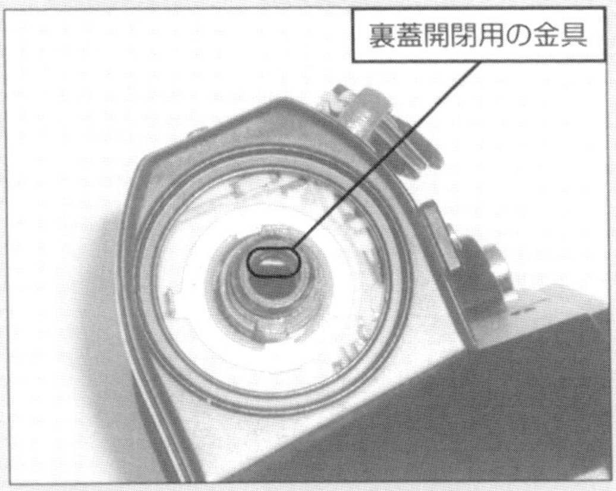

裏蓋開閉用の金具

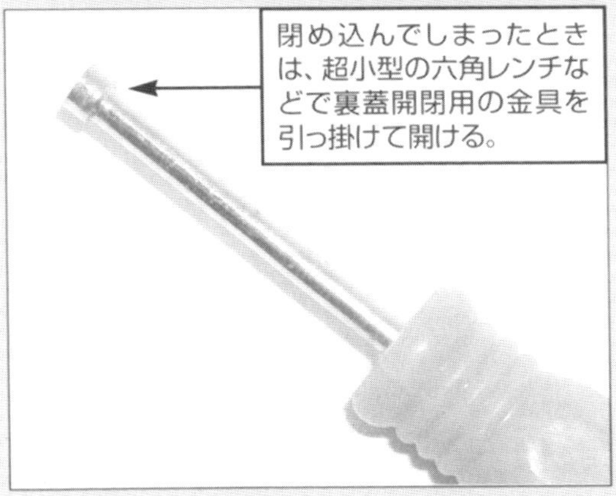

閉め込んでしまったときは、超小型の六角レンチなどで裏蓋開閉用の金具を引っ掛けて開ける。

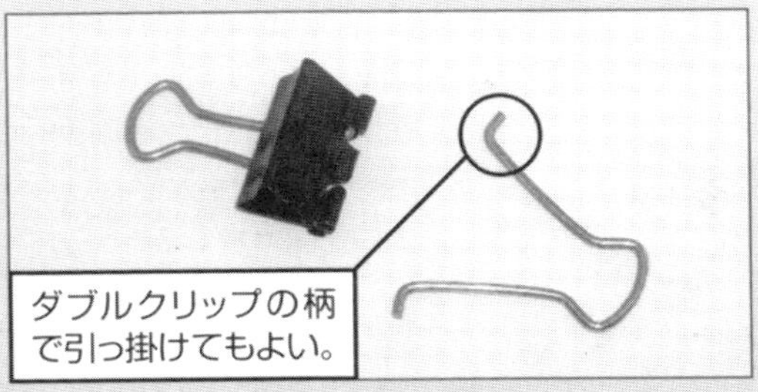

ダブルクリップの柄で引っ掛けてもよい。

2-7 Minolta X-7

■発売年月	1980年3月
■標準価格	39,500円
■型式	絞り優先AE専用機
■マウント	MDマウント
■測光方式	TTL開放測光（中央重点平均測光？）
■シャッター	電子制御横走り布幕シャッター（最速1/1000"）

ミノルタX-7は1980年に発売され、**宮崎美子が海岸でGパンを脱ぐCM**が爆発的にヒットした入門機です。初々しくてグラマラスな肉体の印象が強烈すぎて、カメラの印象はどっかに行ってしまいましたが、スペック的にはありふれた廉価AE機です。ただし、全体の造りはそんなに悪くありません。入門機・廉価機はスペックや性能だけでなく、質感や外装でも手を抜くことが多いのですが、このX-7にはプラスチックのパコパコした感じがなく、剛性感のある頑丈な印象を受けます。また、上位機のMinolta XDは電子系にトラブルを頻発させていましたが、このX-7は構造が単純なせいか、電子系の故障は多くないようです。

これではピント合わせはおろか、構図も決められない…

X-7は比較的故障率が低いのですが、1つだけ、非常に大きな欠点を抱えています。それは**深刻なプリズム腐蝕が頻発する**ことです。プリズム腐蝕で有名な一眼レフにOLYMPUS OM-1がありますが、OM-1は腐蝕面積が比較的狭いので、そのままでも我慢できないこともありませんし、補修も簡易的なもので済みました。しかし、このX-7のプリズム腐蝕は視野中央に帯状に発生し、そのままではまったく実用にならないレベルです。今回の分解では、この問題にターゲットを絞ってみましょう。

すでにOM-1の章で述べましたが、プリズムが腐蝕した場合、本来はプリズムの再蒸着しか修復方法はありません。しかし、これにはコストが掛かるため、X-7のような廉価機ではナンセンスです。OM-1の場合は、下位機種のOM10からのプリズムの移植という方法もありましたが、X-7の場合は元々廉価機なのでその方法も採れません。OMのプリズム腐蝕とは性格が異なるので、アルミ箔やアルミテープでの補修もほとんど効果がありません。では、どうしたら良いのでしょうか？ 少し試行錯誤をしてみましょう。

分解の目的

■ファインダー系の清掃
■腐蝕プリズムの補修

必要な工具

■ドライバ各種（プラスの0番中心）
■シャッターオープナー
■カニ目レンチ
■ピンセット
■半田ゴテ
■モルトプレーン、アルミ箔などの補修用品
■綿棒、爪楊枝、アルコールなどの清掃用品

トップカバーを外す

X-7は比較的素直な構造をしているので、トップカバーを外すのはそれほど難しくはありません。ただし、ボールベアリングやスプリングが使われているので、分解の際になくさないように十分に注意してください。また、フレキ基板とトップカバーがリード線でつながれているので、取り外すときは十分に注意してください。

巻き戻し軸を分解する

1 裏蓋を開ける

3 巻き戻しクランクを反時計回りに回して外す。

2 巻き戻し軸のミゾにドライバを突っ込んで固定する。

4 座金のリングをカニ目レンチなどで外す（反時計回り）。

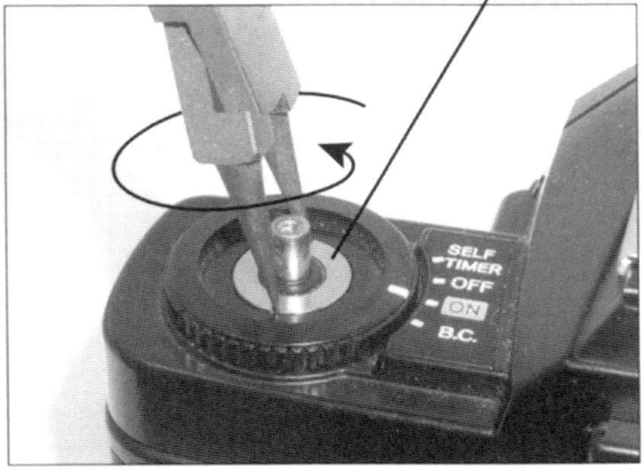

5 メインスイッチダイヤルを取り外す。

注意

このとき、ダイヤルの裏にベアリングがくっついていることがあります。なくさないように慎重に取り外してください。

6 このベアリングを慎重に取り出す。

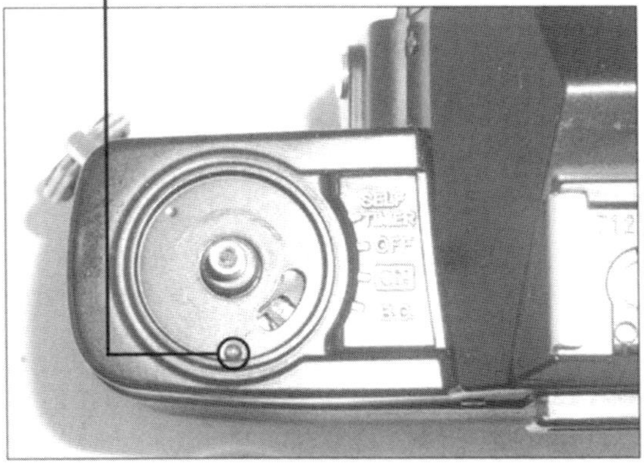

メモ

ベアリングやスプリングを取り出すときは、帯磁したドライバを使うと便利です。

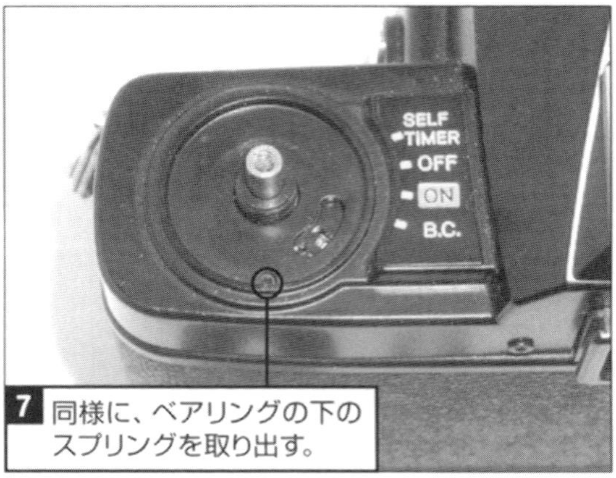

7 同様に、ベアリングの下のスプリングを取り出す。

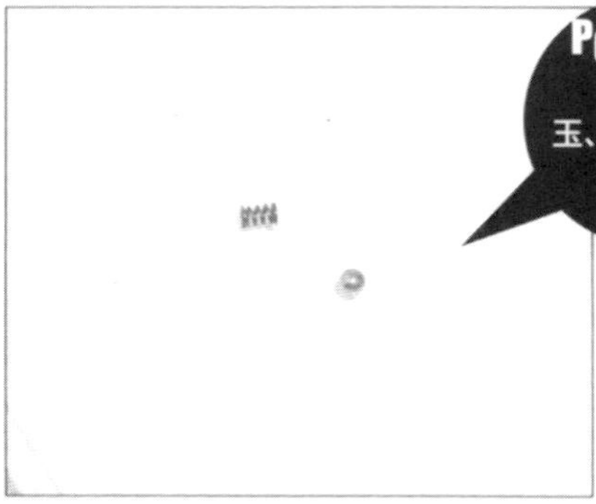

POINT 玉、バネ注意!

取り出したベアリングとスプリング。なくさないように保管する。

組み立て直すときは、ダイヤルの裏の突起が、トップカバーの中のダイヤルの穴にはまるように位置を調整する。

シャッターダイヤルを分解する

1 シャッターオープナーなどで、シャッターボタンの周りのリングを外す（反時計回り）。

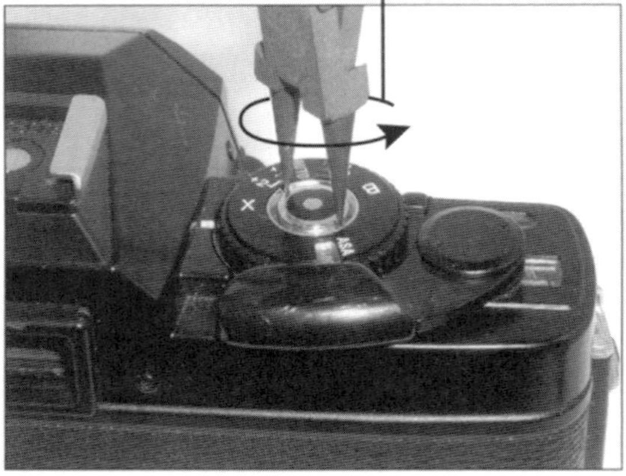

2 シャッターボタンの下にはスプリングが入っているので、飛ばさないように気を付けてシャッターボタンを取り出す。

POINT バネ跳び注意!

キーワード

ベアリング（ボールベアリング）

ベアリングとは「軸受け」のこと。小さな鋼球を使った軸受けが「ボールベアリング」。したがって、本書のように小さな鋼球そのものを「ベアリング」とか「ボールベアリング」と呼ぶのは誤り。しかし、一般的にこの呼び方が使われているようなので、本書もそれに従う。

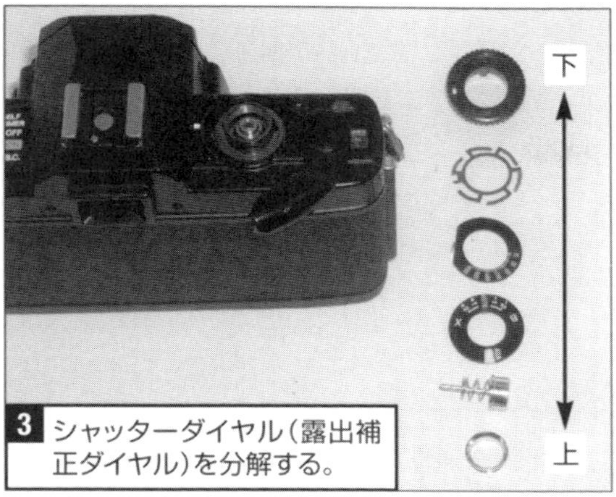

3 シャッターダイヤル（露出補正ダイヤル）を分解する。

巻き上げ軸を分解する

1 シャッターオープナーなどで、巻き上げ軸のカバーを外す（反時計回り）。

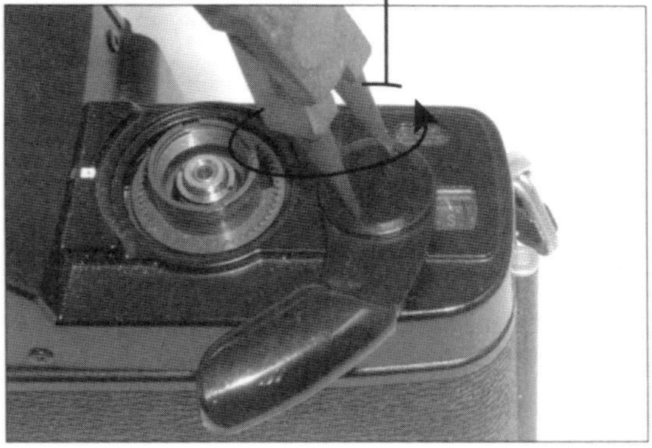

3 カニ目レンチなどで、このリングを外す（反時計回り）。

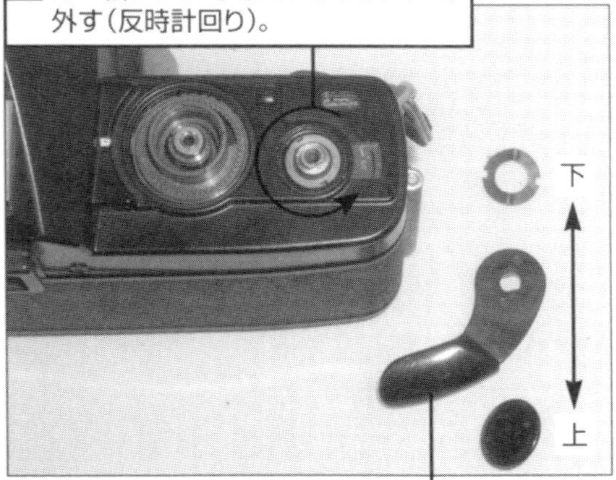

2 巻上軸を分解する。

トップカバーを外す

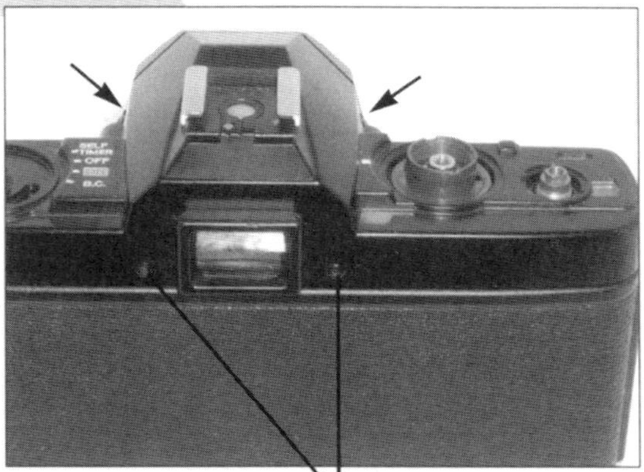

1 アイピースの両側とペンタプリズムの両側のネジ4カ所を外す。

2 トップカバーを持ち上げる。

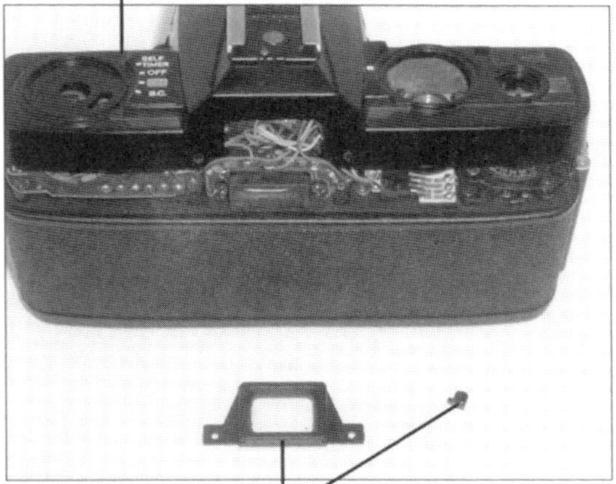

アイピースカバーと露出補正のロックボタンが外れるので、なくさないように注意。

メモ

ロックボタンのように自然に外れてしまうパーツは、再組立のときに面倒です。このようなパーツはグリスやペーストで仮接着しておくと便利です。

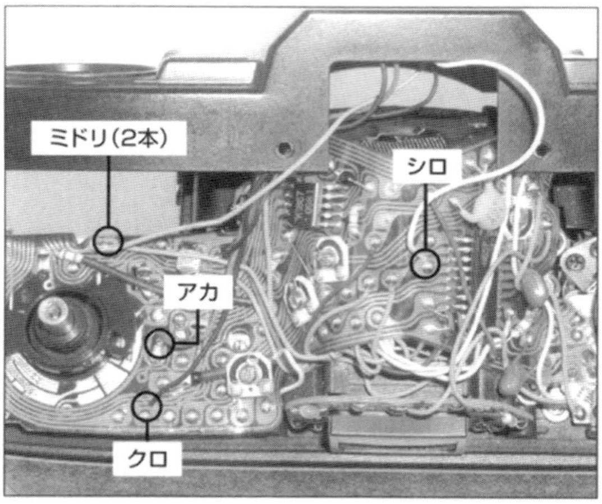

3 半田ゴテで4ヵ所のリード線を外す。

メモ

緑のリード線は2本とも外してください。

4 さらに3ヵ所のリード線を外す。

この線はホットシューにつながっている。

注意

黒いリード線は2本ありますが、ここで外した黒リード線はホットシューから出ているものです。間違えないようにしてください。

プリズムの取り出し

プリズムを取り出すためには、ペンタプリズムを覆うフレキを緩める必要があります。このフレキはペンタ部から底部までつながっているため、何個所も半田付けを取る必要があります。かなり根気のいる作業です。

アイピースを分解する

1 アイピースの両側のネジを外す。

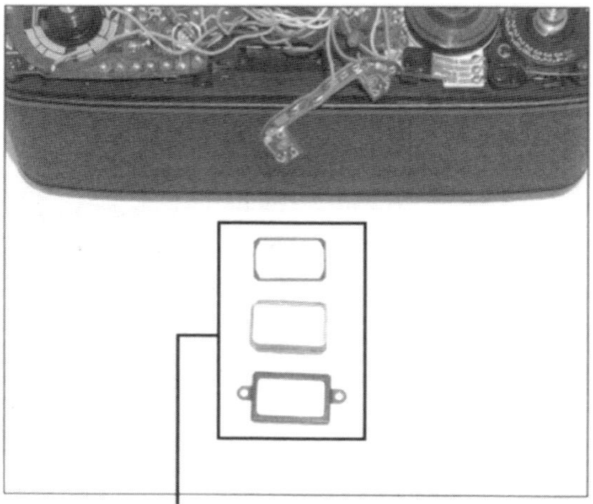

2 アイピースを分解する。

フレキをはがす

こちらにはワッシャが入っているので注意。

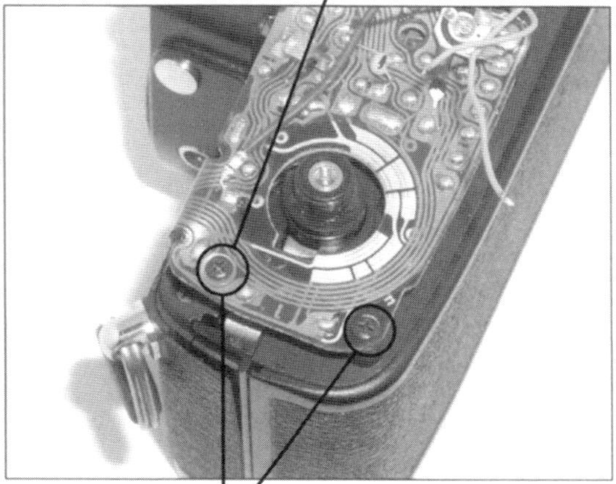

1 ここのネジを2本外す。

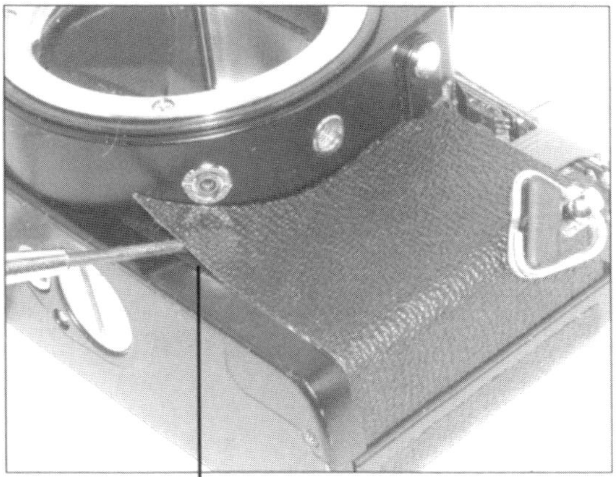

2 こちら側の貼革を剥がす（反対側は剥がす必要なし）。

3 底蓋のネジ2ヵ所を外す。

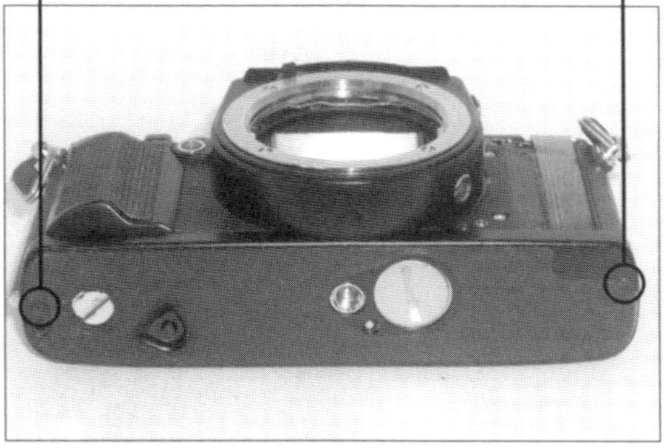

4 底板のネジ6ヵ所を外す。

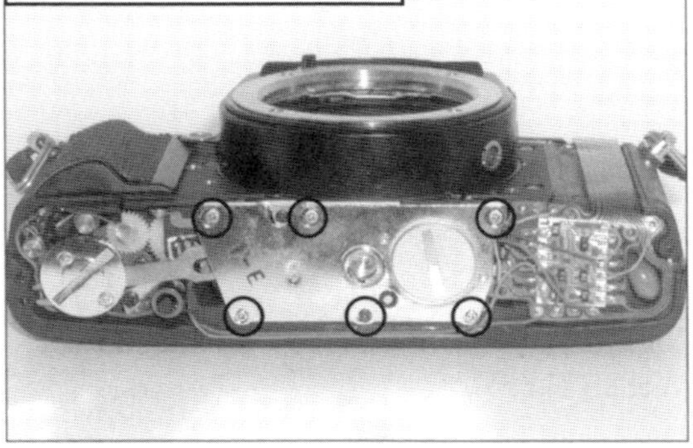

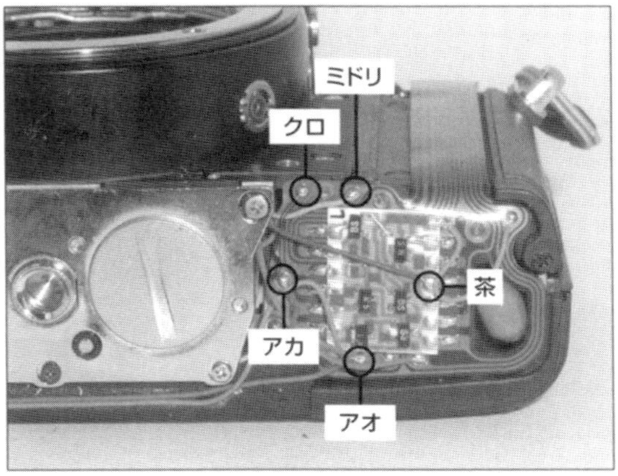

5 半田ゴテでリード線5ヵ所を外す。

6 ここの両面テープを丁寧にはがしながら、底板とフレキをめくり上げる。

プリズムを取り出す

1 フレキを丁寧にめくり上げる。

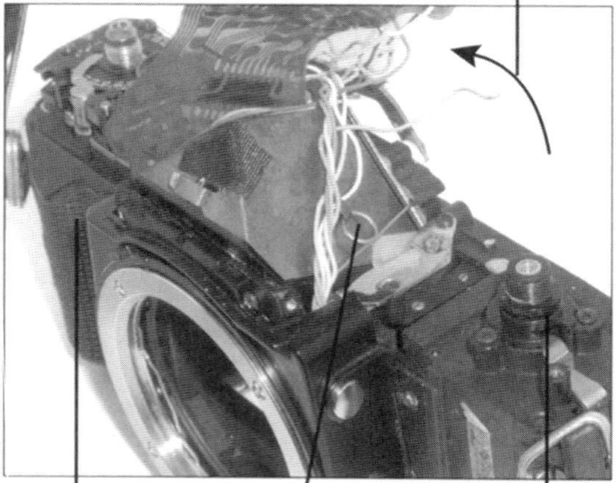

ここにあるリングをなくさないように。

2 プリズム押さえのバネを外す。

3 反対側のバネも外す。

ここに入っているモルトが腐蝕の犯人。

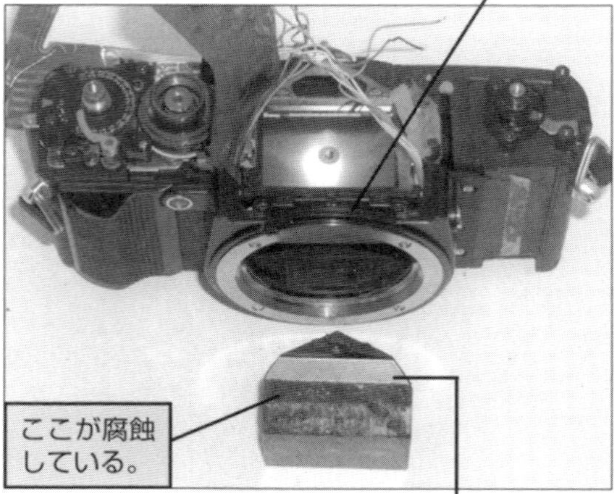

4 プリズムを取り出す。

5 ここのモルトをアルコールできれいに取り去る。

プリズムの補修

X-7のプリズム腐蝕は、OM-1の場合とは異なり、視野の中央部という非常に重要な部分に起きます。このため、アルミ箔やアルミテープ（ラピー）で補修しても十分な効果が得られません。アルミ箔などでは反射率が低く平面性が良くないため、像がぼやけてしまうのです。そこで、ここでは「アルミ蒸着ポリエステル」という素材を使います。ここで使用しているのは「メタルミー」という商品名のアルミ蒸着ポリエステルですが、大手DIYショップに行けば同様の製品が1m²当たり600円ほどで入手できます。

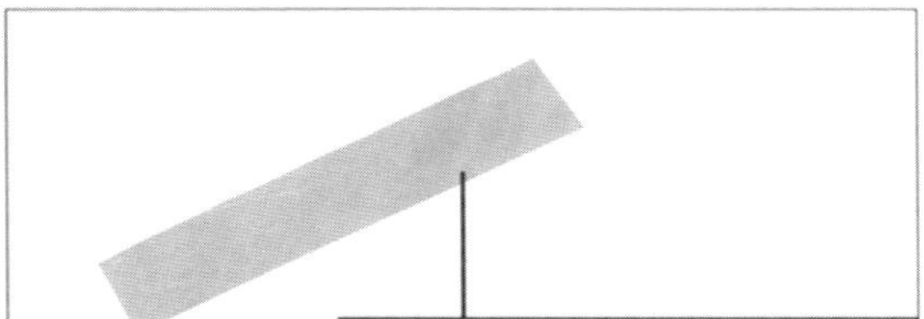

1 メタルミーを8mm×50mm程度の長さに切る。

注意

アルミ蒸着ポリエステルには裏表があるので、注意してください。反射率の高い面をプリズム面に貼り付けます。

注意

テープは必ずマスキングテープを使ってください。他のテープは接着力が強すぎるため、貼り付けた部分の蒸着銀を剥がしてしまい、貼り直しがききません。ただし、マスキングテープが経年変化でプリズムにどのような影響を与えるかは確認していません。新たな腐蝕の原因になる可能性もあるので、自己責任で行ってください。

2 マスキングテープでプリズムにメタルミーを貼り付ける。

左右はプリズムの形に合わせてカットする。

コラム

アルミ蒸着ポリエステル

文字通り、ポリエステルベースにアルミを蒸着した素材で、反射率が非常に高いのが特長です。おそらく、一般に入手できる鏡の代替素材としては最も安価で優秀だと思います。ただし、反射像の鮮明さや明るさでは銀蒸着の鏡には及ばないようです。また、非常に薄い素材であるため平面性を確保するのが難しく、上手に扱わないと像が歪みます。なお、この素材は裏表で反射率が異なるので、使用する際には注意が必要です。

実はアルミテープの「ラピー」も、このアルミ蒸着ポリエステルに接着剤を塗布したものです。しかし、接着剤が塗布されている面は反射率の低い裏面ですし、接着剤のムラや気泡が混入するので、このままプリズムに貼り付けても良好な像は得られません。さらに、剥がすと蒸着銀まで剥離してしまうので、今回のような目的には適していません。

ラピー以外にもアルミ蒸着ポリエステルを使用した製品は数多くあります。中でも「どこでもミラー」（IKC製）など、鏡として使うことを目的にした製品は、クリアな反射像が得られるように工夫されているので、プリズム補修に適していると思います。大手文具店などでも扱っているようなので、試してみるとよいでしょう。

一応、ピント合わせができるレベルにはなる。

ただし、補修した部分の境界はわかる。

メモ

ファインダーの中央は比較的明瞭に見えますが、左右は像がかなり歪みます。露出計を読むのは少し難しいでしょう。また、中央部も視線を動かすとグニャグニャします。これは、蒸着銀の残っている部分と剥がれた部分で段差があるため、貼り付けたアルミ蒸着ポリエステルが湾曲するのが原因でしょう。メタルミーを剥離した部分と正確に同じサイズに切ることができれば、この歪みは改善されると思います。

コラム

薄い鏡を作る

一般に、この種のプリズムの補修には、鏡（ガラスに銀を蒸着した本物の鏡）を使うのが良いとされています。しかしX-7の場合、ボディとプリズムの隙間が狭いため、かなり薄い鏡が必要になります。少なくとも0.5mmより薄くないと収まらないように見えますが、そんなに薄い鏡はなかなか入手できません。

そこで、メタルミーと金属板を使って薄い鏡の代用品を作ってみました。メタルミーを金属板で押さえることで、平面性を確保しています。

アルミ蒸着ポリエステルの反射率は銀ほど高くないので、ファインダー全体の明るさや明瞭さは失われますが、歪みは目立たなくなります。実用性を重視するなら、この方法で補修すると良いでしょう。

なお、金属板やプラ板に「どこでもミラー」を貼り付けたものでも、同じ効果が得られるでしょう。

1 この部分の蒸着銀は可能な限り剥がす。

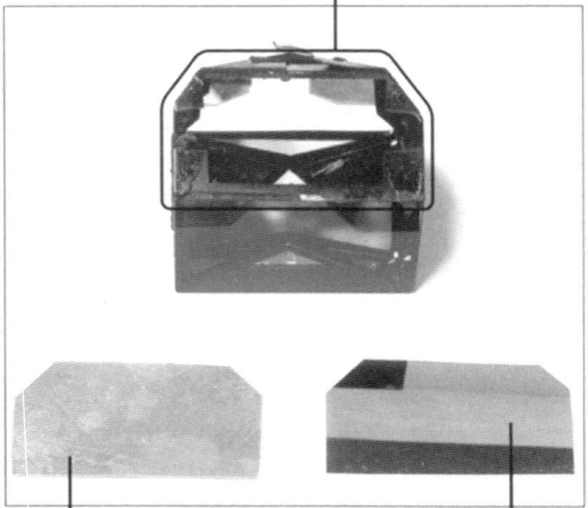

2 補修するプリズム面の形に合わせてメタルミーを切る。

3 同じく、補修するプリズム面の形に合わせて金属板（厚さ0.3mm程度）を切る。

4 プリズムと金属板の間にメタルミーを挟んで、金属板をマスキングテープでプリズムに固定する。

ここで一番重要になるのは金属板の平面性です。金属板が湾曲したり、メタルミーとの間に異物を挟んだりすると、ファインダー像に大きな影響が出ます。アルミ蒸着ポリエステルは凹凸に非常に敏感なので、特に注意してください。

前板とミラーボックスの分解

X-7の場合、プリズムの取り出しと補修が終われば、他に問題はほとんどありません。他の機種のように、前板を外したりミラーボックスを取り出したりする必要はないでしょう。また、ミラーボックスを取り出すと元に戻らなく可能性が高いので、あまりお勧めしません。それでも分解してみたいという方は、次のように作業してください。

1 グリップの貼革をはがして、この部分にあるネジを2本外す。

メモ
この貼革は非常にはがしにくいので、根気良く作業してください。

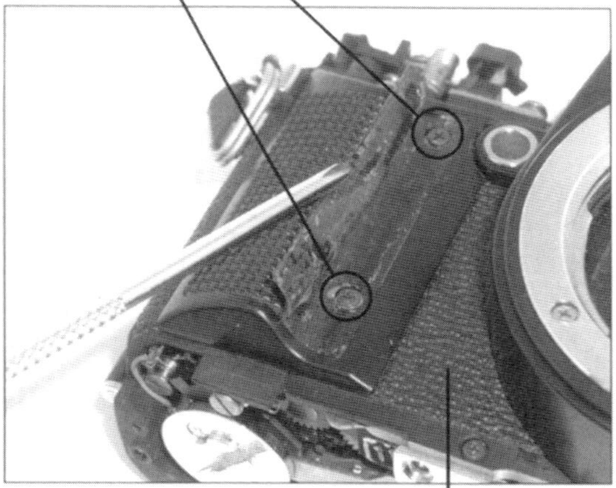

2 この貼革もはがす。

4 貼革の下のネジ2本を外す。

3 この貼革もはがす。

5 アイピースの脇のネジを外す。

これでミラーボックスが外れる。

2-8
Canon EOS 1000

■発売年月	1990年10月
■標準価格	47,000円
■型式	露出フルモードAF機
■マウント	EFマウント
■測光方式	3分割評価測光・中央部分測光
■シャッター	電子制御縦走り金属羽根シャッター（最速1/1000"）

このカメラに対する評価は、完全に二分されています。性能や操作性は優れているのですが、全体の質感が低く、所有する幸福感がまったくありません。ぱこぱこのプラボディはまるで玩具のようです。発売当時、あまりの安っぽさと単価の低さに、販売店が閉口したというのもうなずけます。単なる安物で性能も低ければ良かったのですが、価格や外観に不釣り合いなほど高性能なためバカ売れしたのが、かえってアダとなりました。このEOS 1000の登場により、一眼レフからステータスが消え去ったとさえ言われています。

そんなワケで、発売当時には侃侃諤諤《かんかんがくがく》の論争もありましたが、月日は流れ15年、ジャンクワゴンに2,000円そこそこで眠る姿を見れば、もはやそんな論争もバカバカしく、物の哀れを感じます。正常動作品でも中古価格が1万円を割る機種ですから、今さら質感がどーの、ステータスがこーのと言っても始まりません。ただ、実用性を考えればものすごくお買い得な機種であることは間違いありません。

現在、EOS 1000を初めとする初期EOSの中古価格は、非常に低くなっています。もちろん、古い機種なので性能面で劣るのは確かですが、それを割り引いても低すぎるように感じます。これは、初期EOSには**シャッター羽根の油汚れ**という極めて深刻な故障が、ほぼ確実に発生するためだと思われます。

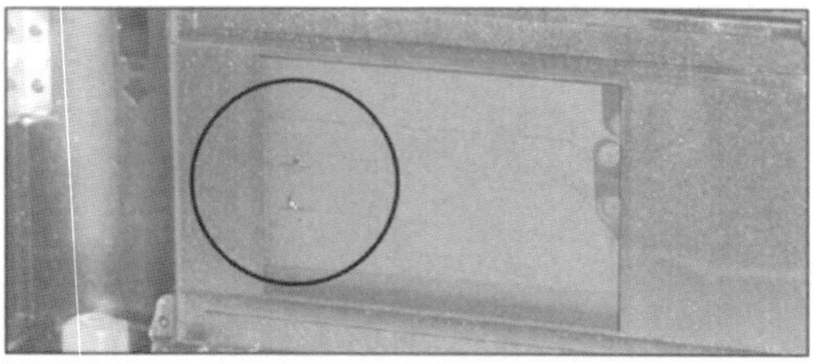

EOSのシャッター羽根の油汚れ

この油汚れの正体は、シャッター羽根を受け止める緩衝用ゴム（ダンパ）が加水分解で溶け出したものです。保存状態にもよりますが、経年変化によってほぼ確実に発生します。この写真の機体は初期症状なので、ベンジンなどで清掃してやれば当面は何とか使えますが、ひどくなるとシャッターがまともに開かなくなり、上半分だけ真っ黒に写るようになります。そうなったら、分解してシャッター羽根を清掃しなければ直りません。

EOS 1000の分解は意外なほど簡単です。内部がほとんど電子化されているため、純粋な機械部分が少ないのです。必要な工具もドライバと半田ゴテだけで、カニ目レンチやシャッターオープナー、スナップリングプライヤなどは不要です。ただし、シャッターの清掃はそれほど簡単ではありません。かなり奥まで分解する必要があるからです。分解しても元に戻らない可能性も高いので、リスクを覚悟の上で作業してください。

分解の目的

■ファインダー系の清掃
■シャッター羽根の清掃

必要な工具

■ドライバ各種（プラスの0番中心）
■半田ゴテ、半田クリーナー
■ピンセット
■綿棒、爪楊枝、ベンジン、アルコールなどの清掃用品

トップカバーを開ける

基本的に、カメラメーカーはユーザーにカメラを開けられることを好みません。そのため、隠しネジや特殊な止め具を使うなどして、簡単には分解できないようにしています。ところが、そうすると生産や修理が面倒になります。CanonもAシリーズではかなりガードが固かったのですが、EOS 1000では思いっきりオープンになったように感じます。ガードよりも生産工程の簡素化のほうを優先したのでしょうか？

グリップカバーを外す

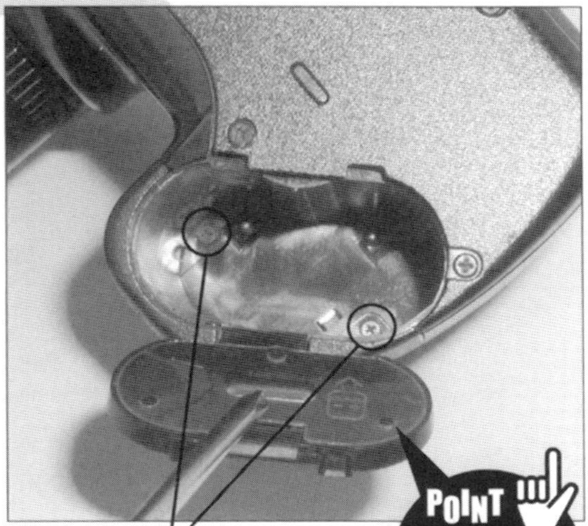

1 電池室の奥にあるネジを2本外す。

POINT 隠しネジに注意!

電池蓋も取り外しておくと良い。

2 グリップのカバーを外す。

側面カバーを外す

1 側面カバーのネジ2本を外す。

裏蓋ロックのパーツはバネで飛んで行きやすいので、外しておくほうが安全。

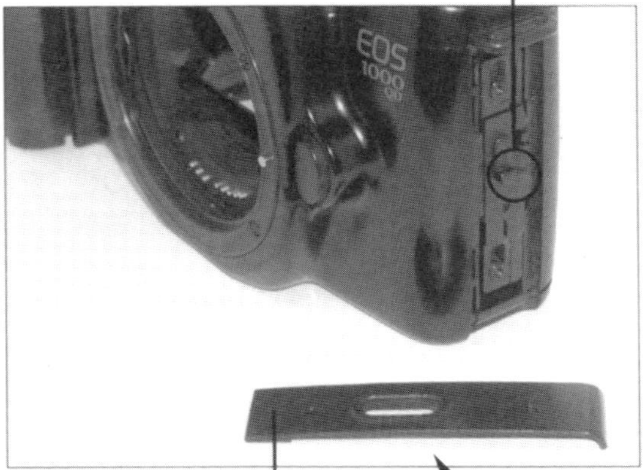

2 側面カバーを外す。

POINT バネ跳び注意!

前面カバーを外す

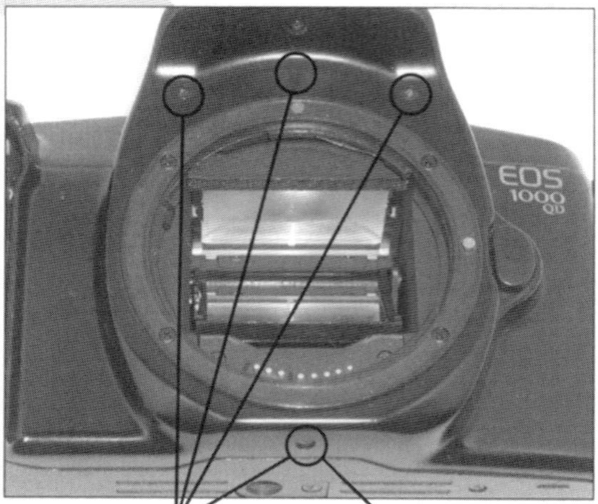

1 前面カバーのネジ4ヵ所を外す。

4本のうち、このネジだけ少し短い。

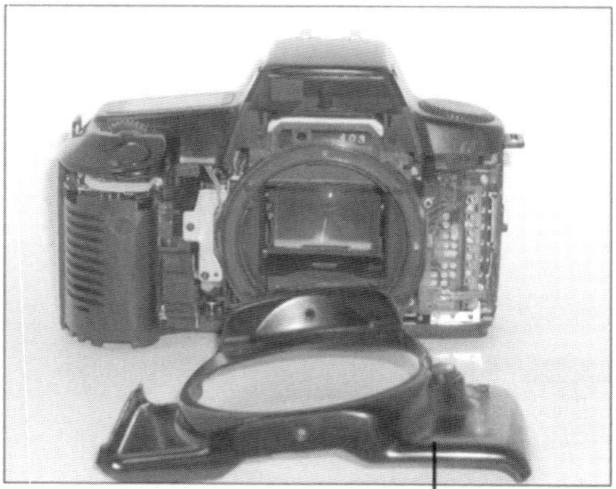

2 前面カバーを外す。

トップカバーを外す

1 アイピースの両側のネジと吊り環の根元にあるネジを外す。

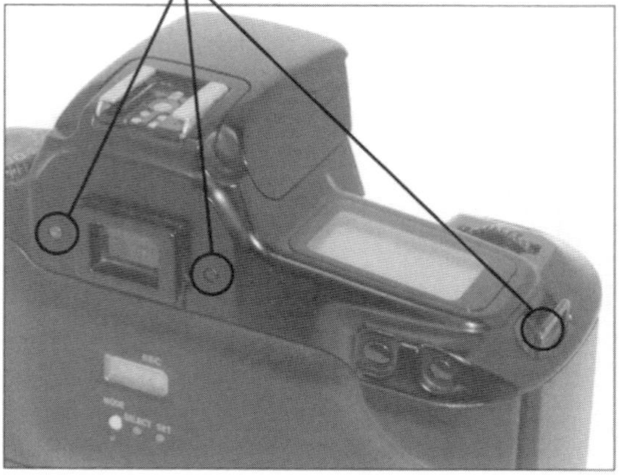

2 トップカバーを持ち上げて外す。

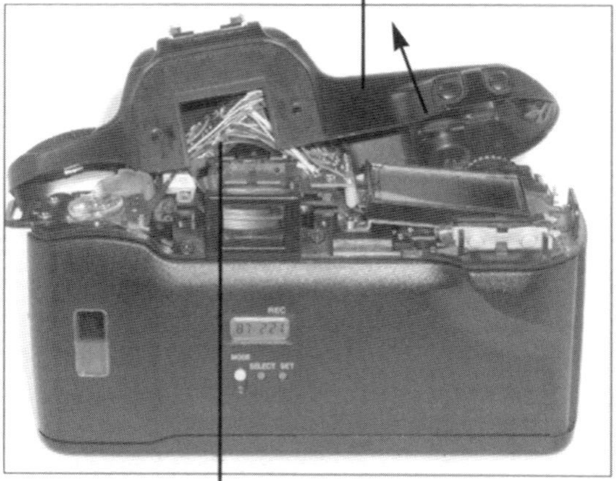

ホットシューにつながっているリード線を切らないよう丁寧に持ち上げる。

メモ

本来ならば、ホットシューにつながっているリード線を外したほうが作業しやすいのですが、EOS1000の場合は外さなくても作業できますし、外す作業がかなり面倒なので、付いたままにしておきます。

アイピース部を清掃する

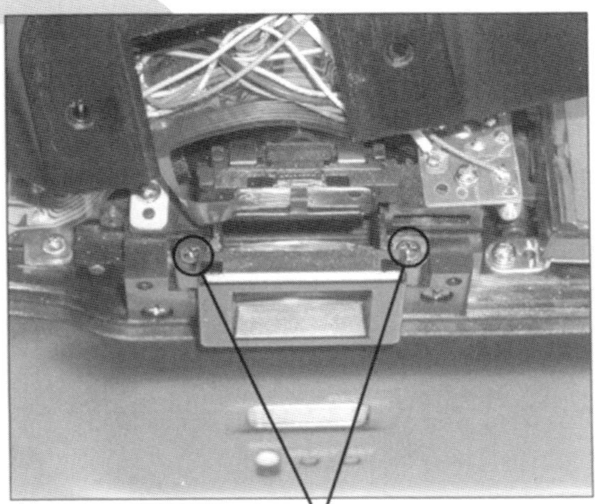

1 アイピースのネジを外す。

メモ
初期EOSはアイピースの裏側にカビが発生しやすいので、清掃しておきましょう。

いっしょにプリズムも清掃すると良い。

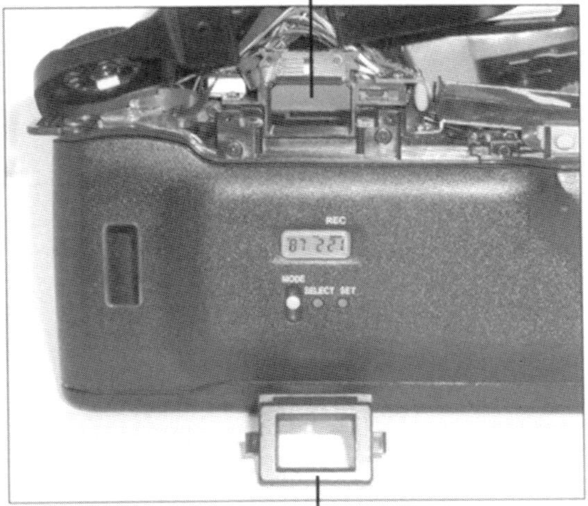

2 アイピースを取り外して清掃する。

メモ
結果が欲しいだけなら、専門の業者に依頼するほうが賢明です。シャッターの油汚れのみを3,000円で修理してくれる格安業者もあります。インターネットで検索してみてください。

シャッター羽根の清掃

トップカバーは簡単に外れましたが、シャッター羽根を取り出すのはかなり面倒です。フレキをはがし、ミラーボックスを取り出す必要があります。ここでは、グリップカバーと前板、側板を外したところから説明を始めます。

前面のフレキを外す

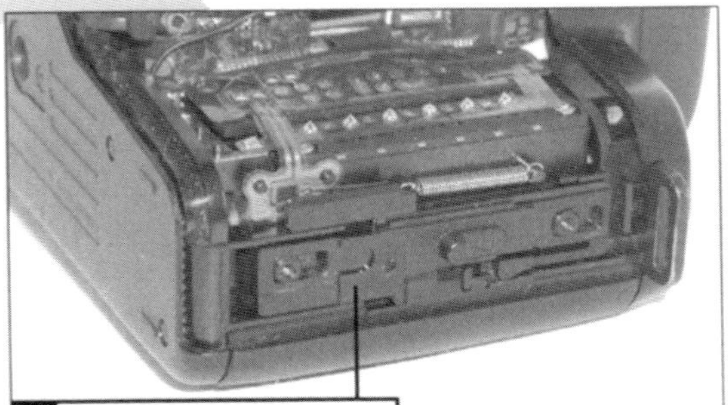

1 裏蓋ストッパーを外す。

2 裏蓋検出用フレキをピンセットで外す。

メモ
このフレキは、ボディの突起にはまっているだけです。ピンセットで丁寧に持ち上げれば外れます。

3 半田ゴテで7ヵ所のハンダを外す。

メモ

フレキの下にピンセットなどを入れて、ハンダを溶かしながらフレキを持ち上げてください。半田は半田クリーナーで吸い取ると良いでしょう。

これでボディからフレキが外れる。

上部フレキの周りのネジを外す

1 前述の方法でトップカバーを開ける。

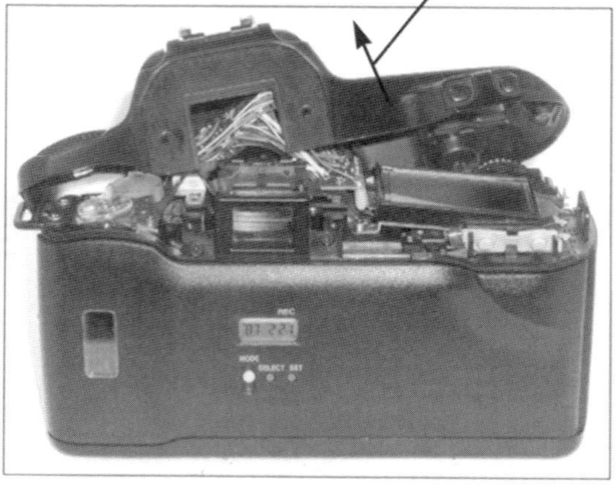

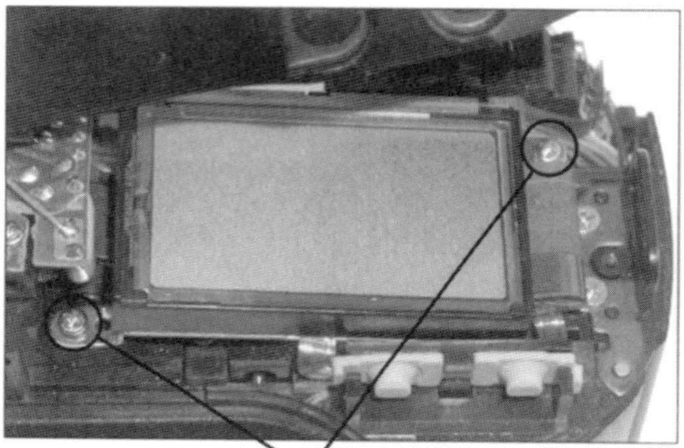

2 液晶を止めているネジ2ヵ所を外す。

3 ゴムのボタンを外す。

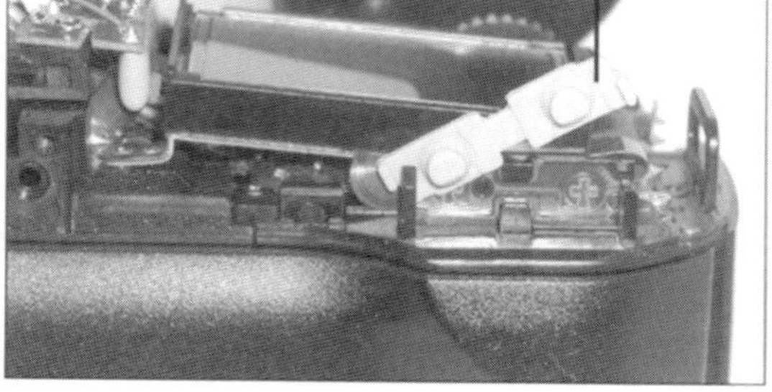

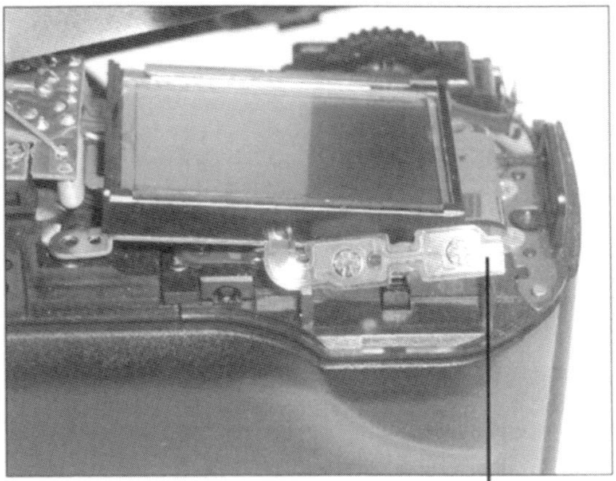

4 ボタンの接点部のフレキを外す。

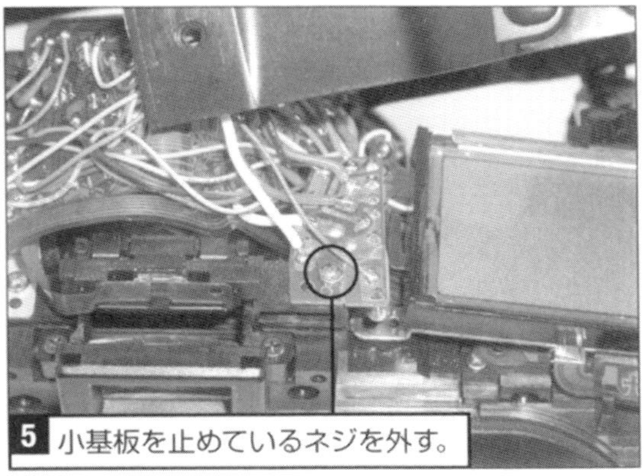

5 小基板を止めているネジを外す。

レリーズボタンを分解する

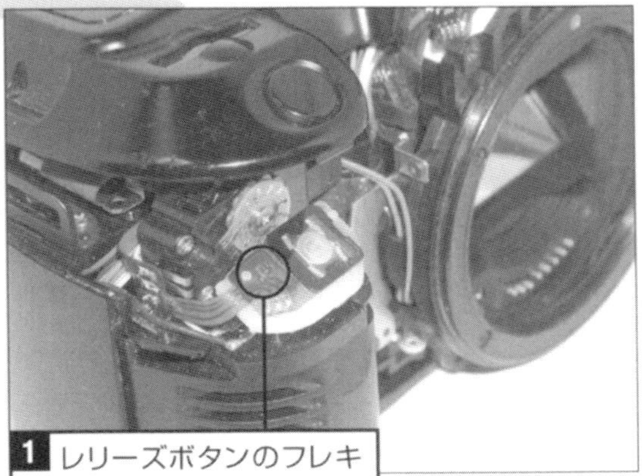

1 レリーズボタンのフレキを止めているネジを外す。

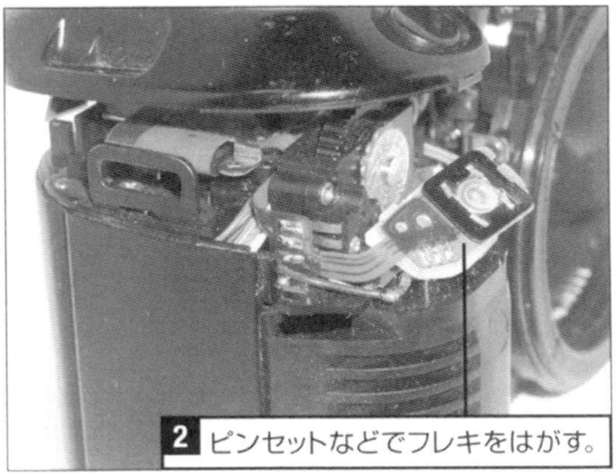

2 ピンセットなどでフレキをはがす。

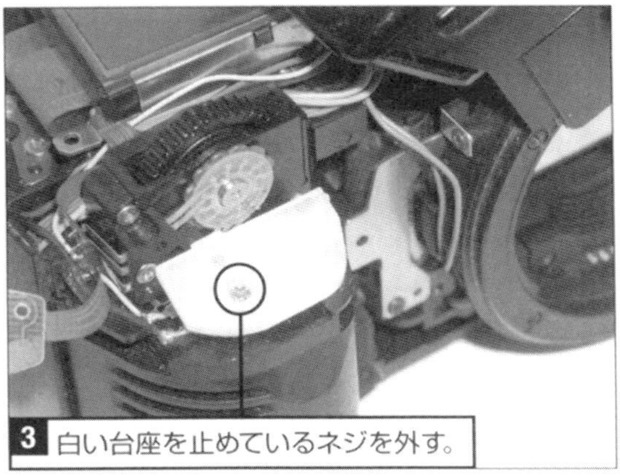

3 白い台座を止めているネジを外す。

POINT
玉とバネを
飛ばすな!

4 ダイヤルクリックのバネのカバーのネジを外す。

中に入っているバネやベアリングが飛ばないように、このあたりを指で押えながら外すこと。

ベアリングとバネはなくさないように慎重に扱うこと。

メモ

この部分を組み立てるときは、先にカバーをネジ止めしたあと、窓からベアリングとバネを入れます。

この穴にベアリング、バネの順に入れる。

メモ

シャッターの油汚れは初期EOSの共通の現象で、EOS 55(1995年)ころまで発症が確認されています。ただし、EOS 620は例外で、ごく初期の機種でありながら発症しないと言われています。

裏蓋接点のフレキを取り出す

1 裏蓋を開けて、蝶番の付け根にあるネジを外す。

2 ピンセットなどでフレキをボディからはがす。

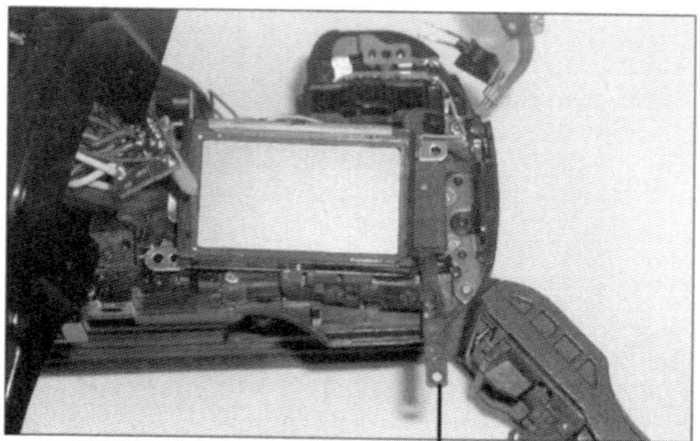

3 上部からフレキを引っ張って取り出す。

上部フレキをはがす

1 黄色のリード線の半田を外す。

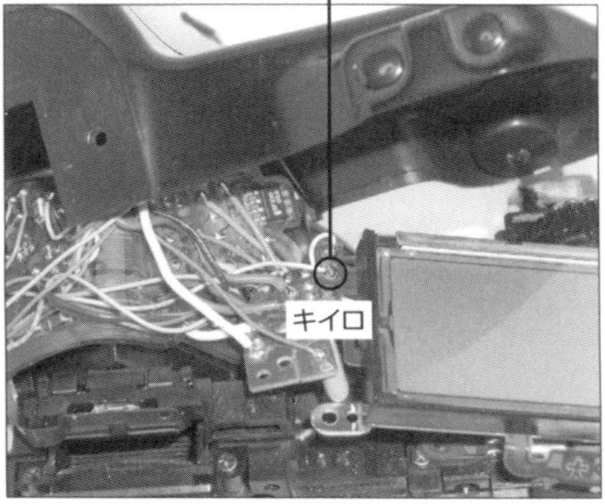

2 液晶パネルをまくり上げる。

3 この部分の半田3ヵ所を取る。

メモ

半田は半田クリーナーで吸い取りましょう。

給送用のギアボックスを分解する

1 透明カバーを止めているネジ2ヵ所を外す。

2 ギアを外す。

3 基板を外す。

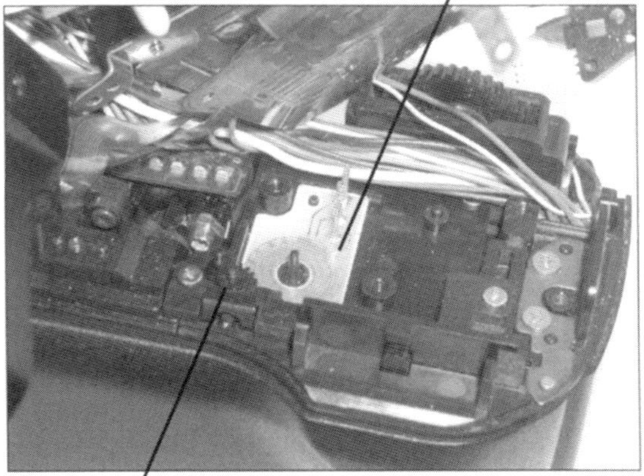

4 このギアも外す。

底部のギアボックスを外す

1 底蓋のネジ5ヵ所を外す。

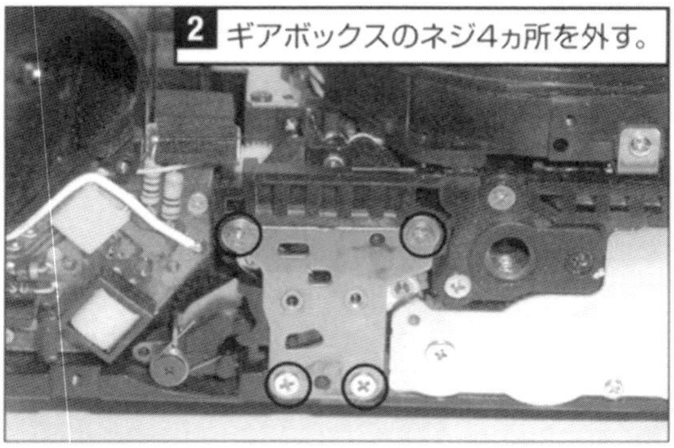

2 ギアボックスのネジ4ヵ所を外す。

シャッターユニットを取り外す

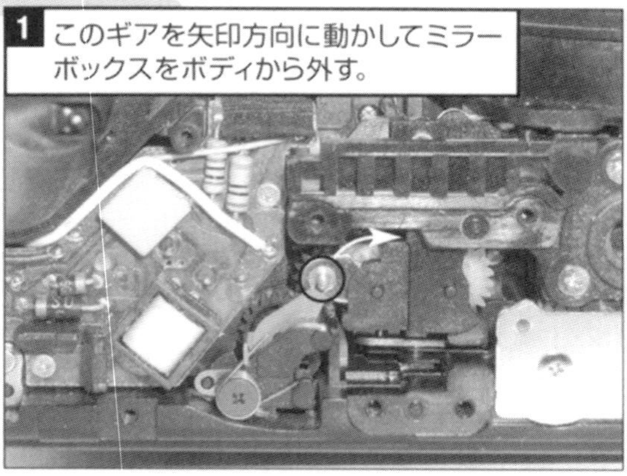

1 このギアを矢印方向に動かしてミラーボックスをボディから外す。

ミラーボックスの裏にシャッターユニットがある。

2 シャッター羽根のカバーのネジ2ヵ所を外す。

3 このシャッター羽根のユニットを取り出す。

これが問題のダンパ。奇麗に取り去って、適当な大きさのゴムと交換する。

4 取り出した羽根はベンジン系のクリーニング液で洗浄する。アルコール系では十分に取れないので注意。

chapter of lens

レンズ編

3-1

Super Takumar 55mm/F1.8

■発売年月	1960年代前半？
■標準価格	不明（ボディとセット販売）
■マウント	M42マウント（TTL開放測光非対応）
■外形	φ55×43mm
■重量	210g

最初に登場するのは、M42マウントのSuper Takumar 55mm/F1.8です。このレンズは構造が非常にシンプルで、レンズや鏡胴を回すだけで簡単に分解できます。レンズ分解の入門用としては打ってつけのレンズです。非常に古いレンズなので、カビが盛大に発生したり、ガラスが黄変しているものが多く、ジャンクワゴンの常連レンズの1つです。流通量も豊富なので入手は比較的楽でしょう。なお、ここで説明する方法で分解すれば、カビはかなりの程度まで清掃できますが、ガラスの黄変は直せません。

この時期のペンタックスのカメラは「M42マウント」というマウント規格を採用していましたが、M42マウントはペンタックス社独自のものではありません。元々は旧東ドイツのPRAKTICA（プラクチカ）というカメラのマウントで、その後、世界中の数多くのメーカーが採用しました。日本でもペンタックスをはじめ、オリンパス、ヤシカ、フジ、リコー、チノン、コシナなど数多くのメーカーからM42マウントの一眼レフが発売されました。このような、複数のメーカーで共通のマウントを「ユニバーサルマウント」と呼びます。

M42マウントの特長は構造が非常に単純だということです。当初は、ライカのLマウント同様、レンズをボディにねじ込むだけの極めて単純な構造でした。その後、自動絞りに対応するようになり、マウント面に絞りピンが追加されました。今回分解するSuper Takumarも自動絞り対応のレンズです。

しかし、共通規格だったのはここまででした。TTL開放測光への対応は各メーカーが独自に行ったため、完全な互換性は失われてしまったのです。ペンタックスではSMC TakumarでTTL開放測光が可能になりましたが、たとえばFUJICA ST605IIにSMC Takumarを取り付けても、TTL開放測光はできません。しかし、それでもドイツ製の名玉やロシア製のキワモノ玉、日本製の優等生玉などが1台のボディで楽しめるのは大きなメリットです。

ちなみに、現在のペンタックス製カメラで採用されているPKマウント（Kマウント）は、M42マウントとフランジバックが同じで外径が一回り大きいマウントです。つまり、M42マウントのレンズに簡易的な変換リングを付けるだけで、＊ist Dなどのデジタル一眼レフでも使えるようになるのです。

もちろん、AFは効かず、絞りも手動絞りになるなど、制限は非常に多いのですが、最新のボディでクラシックレンズを味わうのもオツなものです。それに、55mm/F1.8はデジタル一眼レフでは80mm/F1.8相当になります。格安ポートレートレンズとして楽しむのも面白いかもしれません。

分解の目的

■カビ取り

必要な工具

■ゴムアダプタ
■カニ目レンチ
■レンズクリーナーなど

化粧リングを外す

鏡胴の先端部が前にせり出してくる。

1 ピントリングを回して最短撮影距離(0.45m)に合わせる。

2 鏡胴の後ろ半分を左手で固定する。

3 鏡胴の先端部を右手で反時計回りに回す。

4 化粧リングごと鏡胴の先端が外れる。

メモ

このレンズは鏡胴の先端部分と化粧リングが一体化していますが、これは必ずしも一般的な構造ではありません。化粧リングのみを外して前玉を取り出すものや、化粧リングを外しても前玉が取れないものなどもあり、レンズによって構造は全く異なります。

前玉を外す

1 前玉にゴムアダプタを当てて反時計回りに回す。

POINT
カニ目レンチはなるべく使わない!

メモ

前玉の周囲にはカニ目が切ってあるので、カニ目レンチで外すこともできますが、傷を付ける可能性があるのでなるべくゴムアダプタを使ってください。カニ目レンチはネジが固くて回せないようなときだけ使いましょう。

2 前玉が外れた。

3 前玉の内側を清掃する。

メモ

レンズの清掃には、専用のレンズクリーナーを使います。アルコールではカビが十分取れないことがありますし、溶剤ではレンズを傷めることがあります。

メモ

前玉は複数のレンズからなるユニットですが、通常、これ以上分解することは不可能です。もし、このユニットの内部にまでカビが生えていると、清掃は非常に難しくなるでしょう。

4 絞りを開いて中玉を清掃する。

後玉を外す

1 レンズをひっくり返す。

この部分のリングは二重になっている。内側のリングが後玉用、外側のリングが中玉用。ここでは内側のリングだけを外す。

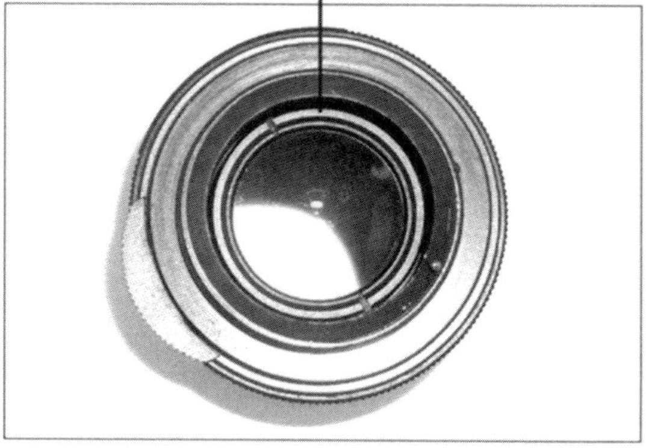

2 内側のリングをゴムアダプタ（またはカニ目レンチ）で外す。

3 後玉を取り出す。

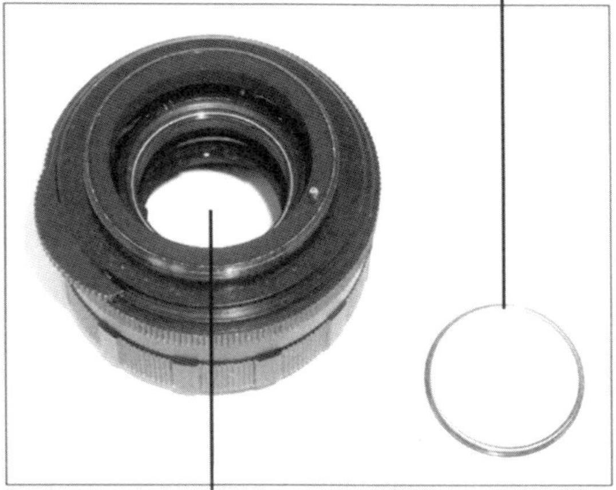

4 中玉の掃除をする。

メモ
後玉は凸面が外側になります。

中玉を外す

1 中玉のリングをカニ目レンチで外す。

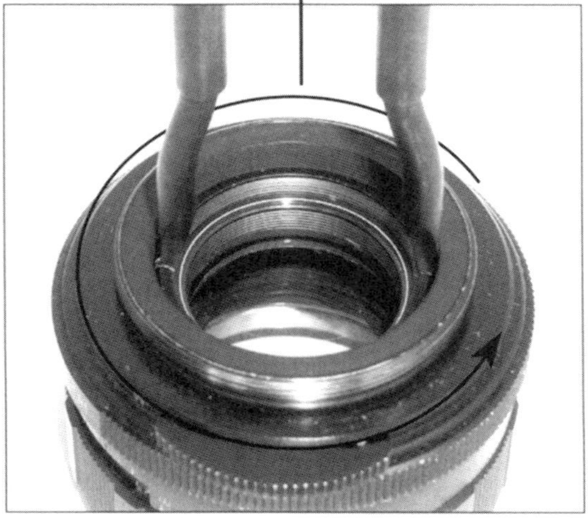

メモ
鏡胴の奥にあるカニ目を回す場合、カニ目レンチの脚を通常とは逆に組んでおくと便利です。

これで通常清掃できる部分はすべて分解した。

メモ
このレンズは光学系と制御系（絞りやピント）が完全に分離しています。そのため、レンズの清掃の際に制御系を分解する必要はありません。また、元に戻す場合も、分解と逆手順で組み立てるだけで良く、特に問題になる点はありません。

3-2

OLYMPUS OM ZUIKO 50mm/F1.8

■発売年月	1972年7月
■標準価格	16,500円?
■マウント	OMマウント
■外形	φ57×31mm
■重量	170g

次は、もう少し構造の複雑な標準レンズを分解してみましょう。Super Takumarは光学系と制御系が完全に独立していたので、光学系のみ分解することが可能でした。しかし、今回取り上げるZUIKO 50mm/F1.8は、光学系と制御系がそれほどきれいに分離していません。光学系を分解するには、その前に絞り制御系を分解する必要があります。また、光学系を分解するとヘリコイドも簡単に分解できるため、レンズ掃除とグリスの交換が同時にできます。分解の難易度もそれほど高くはありません。なお、同じOM ZUIKO 50mm/F1.8でも構造の異なるものが数種類存在しているようなので、すべての個体がここで説明する方法で分解できるとは限りません。

ところで、このZUIKO 50mm/F1.8の発売当時の価格は、実ははっきりしません。発売当初はOM-1(M-1)とのセット販売のみだったようで、プライスリストにも単体価格が書かれてないのです。これはオリンパスに限ったことではなく、このころは「標準レンズはボディのオマケ」という扱いが一般的で、改めて50mm/F1.8を単体で購入するユーザーはあまりいなかったのだと思います。

そのためか、50mm/F1.8というレンズはユーザーに軽んじられる傾向にありました。ボディキャップ代わりの間に合わせのレンズだと思われていたようです。しかし、F1.8と言えば、50mm以外では大口径の部類です。室内でフラッシュを焚かずに撮るときなどは、非常にありがたい明るさです。しかも、パンケーキ並の薄くて軽いレンズが多く、可搬性にも優れています。描写も決して馬鹿にはできません。このZUIKO 50mm/F1.8も、かなり高い評価を得ているレンズです。オマケ扱いされてはいますが、実用性は決して低くありません。そのため、軽度のカビ程度であればうかつに分解しないほうが賢明かもしれません。

OM ZUIKO 50mm/F1.8はOMシリーズの標準レンズとして非常に大量に生産されたので、入手は比較的楽だと思います。価格も、カビ玉なら1,000円程度でしょう。なお、ZUIKO 50mm/F1.8にもいろいろな種類があるので注意してください。本書で扱っているZUIKO 50mm/F1.8の正式名称は「OLYMPUS OM-SYSTEM F.ZUIKO AUTO-S 1:1.8 f=50mm」ですが、「OM-SYSTEM」ではなく「M-SYSTEM」の50mm/F1.8というレンズも存在します。

OM-1は発売当初「M-1」という名称だったのですが、そのときのレンズが「M-SYSTEM」です。「M-1」という名称はライツ社からクレームが付き、すぐに「OM-1」と改名されました。そのため、「M-1」のボディや「M-SYSTEM」のレンズはごく少数しか生産されず、レア品としてプレミアが付いています。

分解の目的

■カビ取り
■ヘリコイドの分解(グリス交換)

必要な工具

■ゴムアダプタ
■ドライバ
■カニ目レンチ
■レンズクリーナーなど
■グリス

レンズの分解と清掃

化粧リングを外す

この化粧リングを外す。

1 ゴムアダプタで化粧リングを回す。

2 化粧リングの下の黒いリングを外す。

メモ

この黒リングと次の銀リングは、回さずにそのまま取り出すことができます。

3 黒いリングの下の銀色のリングを外す。

この下に絞りクリック用の鋼球が入っているので、取り扱いに注意すること。

POINT

鋼球注意!

絞りリングを外す

1 鋼球を取り出して保存しておく。

2 絞りリングを外す。

これですべてのリングが外れた。

組み立てるときは、このピンとツメが噛み合うようにする。

前玉を取り出す

この前玉のリングを回して外す。

一番外側の筒は回さない。

1 ゴムアダプタで前玉を回す。

メモ

前玉が固くて回らない場合は、透明塗料で前玉が周囲の筒に固定されている可能性があります。塗料を削ってから回してください。

2 レンズの内側を清掃する。

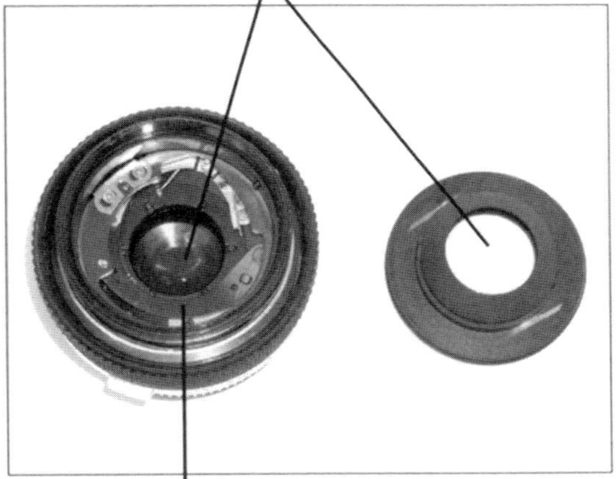

絞り羽根の清掃もできる。

コラム

レンズの内側はなぜ黒いのか？

内面反射を抑えるためです。内面反射とは、レンズに入ってきた光がレンズの内部で反射して、フィルムに本来必要ではない光を入射させてしまう現象です。内面反射が発生すると、全体にコントラストが低下したり、写真の一部に霞が掛かったようになったりします。このため、必要な光以外はすべてカットするように、レンズの内側はつや消しの黒に塗装されているのです。ところが、レンズの分解をしていると、黒い塗装がハゲてしまうことがしばしばあります。このような場合は、つや消しブラックのエナメルなどを塗って補修しておいてください。

後玉を外す

1 マウント面のネジ3ヵ所を外す。

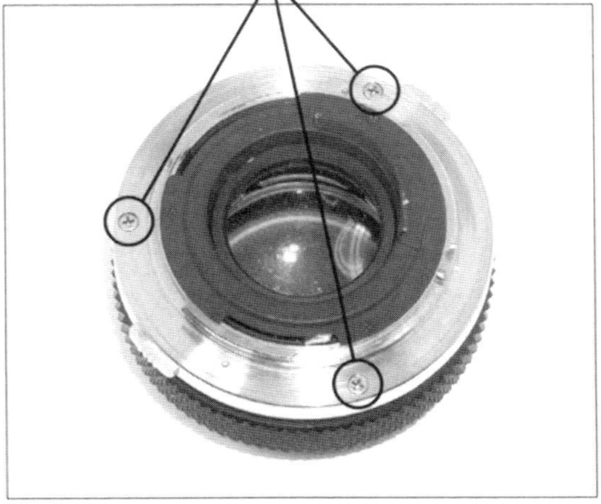

マウントを取り外す。

2 次はこのリングを外す。

3 ゴムアダプタでリングを回して外す。

注意

後玉は外側が凸面になっているため、中空の吸盤タイプのゴムアダプタでないと外せません。

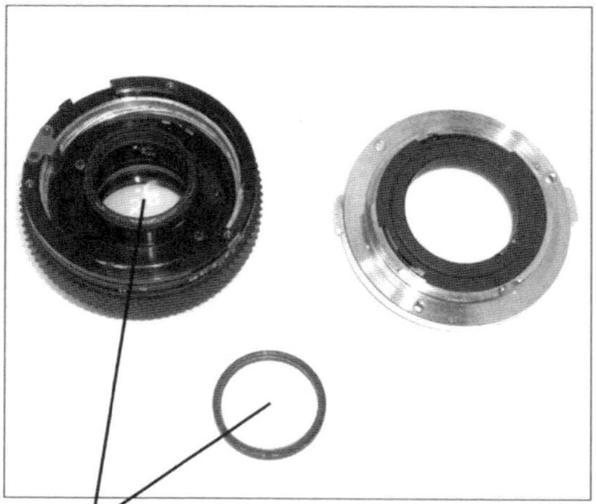

4 レンズの内側を清掃する。

メモ

これで、接着してあるレンズを除き、すべてのレンズが清掃できるようになります。レンズ清掃だけが目的なら、ここで分解を終了しましょう。

ヘリコイドの分解

ピントリングを外す

1 ピントリングを∞に合わせておく。これでヘリコイドが一番短い状態になる。

2 このピンの位置をダーマトグラフなどでマークしておく。

ここでは前玉と後玉を取り付けた状態で作業をしている。

メモ

このマーキングは組み立ての際の目安になります。

3 このネジ2本を外してツメを外す。

4 ヘリコイドを時計回りに回して外す。

注意

外れる瞬間のヘリコイドの位置は非常に重要なので、慎重に回してください。

POINT
ちょっと待て、
取り外す前に
マーキング!

5 ヘリコイドが外れる瞬間のこのピンの位置をマーキングしておく。

メモ

組み立てるときは、このマークを目安にしてヘリコイドをはめ込みます。位置が狂うとピントが合わなくなるので注意してください。なお、ここで分解しているレンズでは、マーキングの位置は∞付近です。

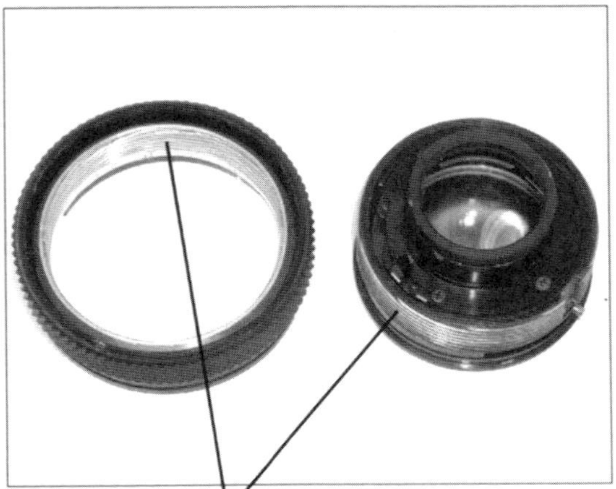

6 必要に応じて清掃したり、グリスを塗ったりする。

キーワード

ヘリコイド

元来は「らせん」という意味。カメラでは、レンズのピントリングを回転させて、レンズを前後させるしくみのことを指す。

コラム

ヘリコイドのグリス交換

ヘリコイドにはグリスが塗ってありますが、古くなるとグリスが抜けて、ピントリングの動きがスカスカになることがあります。こうなると微妙なピント調節が難しくなります。また、逆にグリスが固着してピントリングの動きが異様に重くなることもあります。どちらの場合も、分解清掃とグリスアップ(グリスの塗り直し)が必要になります。

ヘリコイドを分解したら、古いグリスを丁寧に拭き取って、新しいグリスをたっぷり塗布してください。基礎編でも説明しましたが、本来はカメラ専用の高級グリスを使うべき部分ですが、当座の間に合わせならば安物のグリスや軟膏の類でもかまいません。もしレンズが曇るようなら、再度分解清掃してグリスを変更してください。

カメラファンはファインダーの見え、巻き上げの感触、ヘリコイドのトルクなどに異様にこだわるものです。確かに、MFカメラを使っていると、ヘリコイドが適切なトルクを持つかどうかが、使い勝手を大きく左右することを実感できるでしょう。AFレンズにもMFモードはありますが、AFレンズは高速化と省電力化のためにヘリコイドを非常に軽くしています。このため、AFレンズのMFモードはスカスカして使いにくく感じます。ニコンやペンタックスのように、たとえMFとAFのマウントに互換性があっても、AFレンズはMFレンズの代わりにはなりません。

3-3 SMC Pentax-M ZOOM 80-200mm/F4.5

■発売年月　1977年ころ?
■標準価格　90,000円
■マウント　PKマウント
■サイズ　φ62×162mm
■重量　555g

一般に、ズームレンズは単焦点レンズに比べて構造が非常に複雑で、分解も困難です。しかし、このPentax-M 80-200mm/F4.5は、意外なほど素直に分解できます。Pentax SVの項でも述べましたが、昔のペンタックス製品は非常にお行儀のよい造りになっているのです。Super Takumarと同じように、光学系と制御系は完全に独立しているので、レンズだけ分解してカビを取ることができます。ズームレンズの光学系を掃除する練習にはちょうど良いレンズでしょう。

次節で説明するSIGMA ZOOM-κIIなどの多くのズームレンズは、ズームリングやピントリングを分解しないと光学系の清掃ができません。そして、いったんピント系を分解してしまうと、元に戻すのはかなり厄介です。その心配がないだけでも、このレンズはありがたいものです。

ところで、このレンズは、発売当時9万円もした高価なレンズでした。この時代のペンタックスの主力機であるPentax MEやMXが約5万円でしたから、ボディの倍近い価格です。ズーム域も明るさも大したことのない、今から見れば凡庸な望遠ズームですが、当時は望遠ズーム自体が非常に高価なものだったのです。

もっとも、当時としてもこのスペックでこの価格は高すぎたようで、数年後に大幅に値下げされています。やはり、80-200mm/F4.5は、主力である70-210mm/F4よりもワンランク下のレンズという印象が強いように思います。

いずれにしろ、かなり古いレンズなので、元値がいくら高価でも中古価格は高くありません。筆者もカビだらけのジャンク品を1,000円で入手しました。流通量もまずまずで、その気になって探せば比較的簡単に見つかると思います。

入手直後はカビがひどくて向こうが見通せないほどでしたが、ここで説明している方法で清掃をしたところ、カビはほぼ全部取ることができました。古いペンタックス製品のジャンクはお買い得です。

分解の目的

■カビ取り

必要な工具

■ゴムアダプタ
■ドライバ
■カニ目レンチ
■レンズクリーナーなど

	㉙SMCペンタックスレフレックス	2000	13.5	1.3	8,000	内蔵(黒色光学ガラス(Y48·R60·スカイライト)	750,000	50,000	組込み	(丸) 800,000
ズーム	㉚SMCペンタックスMズーム	28~50	3.5~4.5	75 ~46	315	52	57,000	2,500	(2,200)	61,700
	㉛SMCペンタックスMズーム	35~70	2.8~3.5	62 ~34.5	470	67	67,000	3,000	(2,200)	72,200
	㉜SMCペンタックスズーム	45~125	4	50.5 ~20	612	67	69,000	2,500	1,200	72,700
	㉝SMCペンタックスMズーム	80~200	4.5	30 ~12	555	52	90,000	2,500	組込み	92,500
	34SMCペンタックスズーム	135~600	6.7	18 ~ 4	4,070	52	220,000	35,000	組込み	(受) 255,000
マクロ	㉟SMCペンタックスMマクロ	50	4	46	167	49	29,000	2,000	—	31,000
	㊱SMCペンタックスMマクロ	100	4	24.5	357	49	39,000	2,000	1,200	42,200
ベローズ	37SMCペンタックスベローズ	100	4	24.5	186	52	17,000	2,000	1,200	20,200
シフト	38SMCペンタックスシフト	28	3.5	75	611	内蔵(Y2, O2, スカイライト)	97,500	2,500	—	100,000

○印No.のレンズは自動絞り開放測光できます　(丸)標準丸形フード　(角)標準角形フード　(　)別売。　(受)印は受注により出荷するものです。

SMCタクマー交換レンズ価格表

カメラ総合カタログVOL.65(1979年)より

前玉を分解する

フィルターのネジが切ってあるリングを外す。

1 ゴムアダプタをレンズの先端に押し付けて、時計回りに回す。

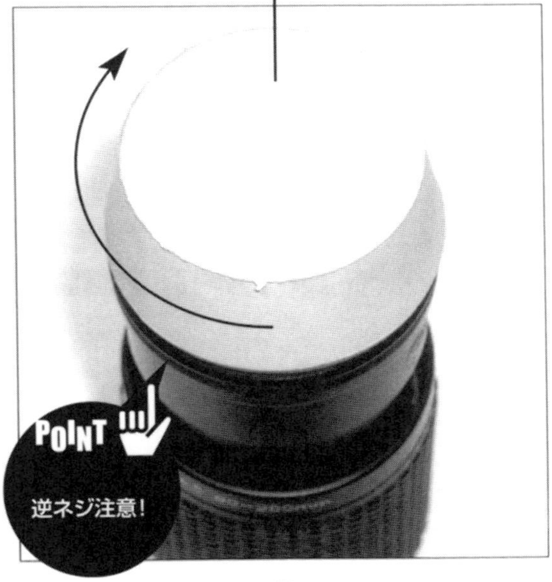

POINT

逆ネジ注意!

次は前玉本体を外す。

リングを外すと内蔵フードも外れる。

取り外したリング

2 ゴムアダプタで前玉を反時計回りに回す。

メモ

今度は順ネジです。かなりネジが深いので、根気良く回してください。

注意

前玉を外すときは、中空のゴムアダプタを使用してください。

3 前玉を取り外して内側を清掃する。

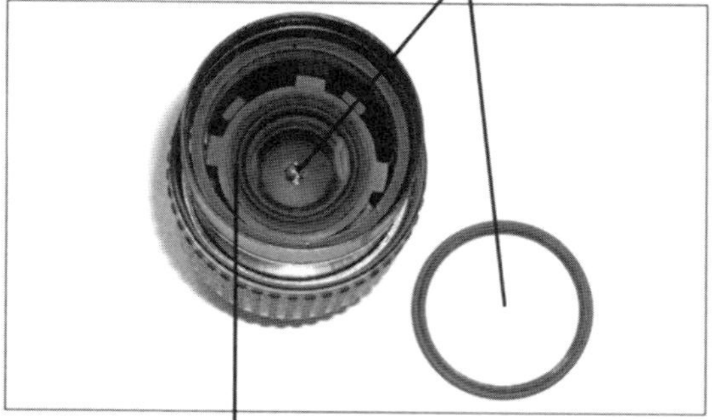

次は中玉を取り外す。

中玉を分解する

1 ゴムアダプタで中玉を反時計回りに回す。

取り出した中玉の内側を清掃する。

中玉はもう1枚ある。

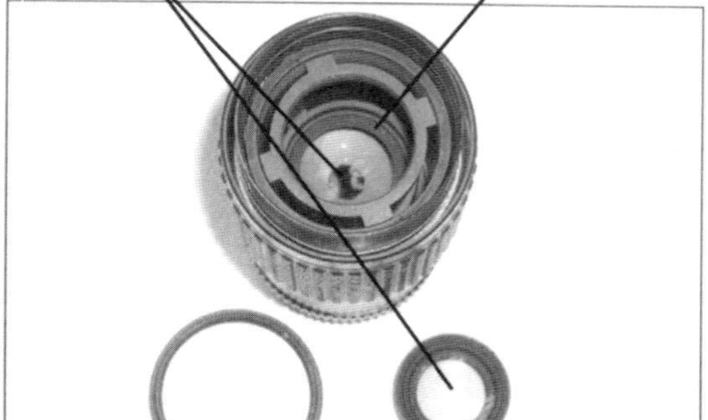

2 先丸のカニ目レンチなどで2枚目の中玉を反時計回りに回す。

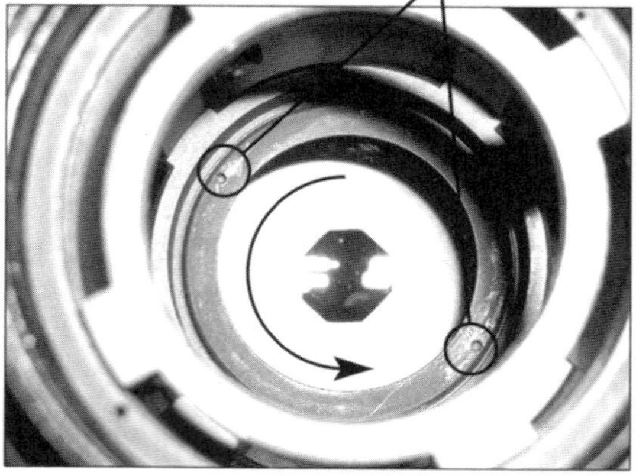

メモ

この中玉を取り出すときは、カニ目レンチの脚を通常とは逆向きに組んでおくと便利です。

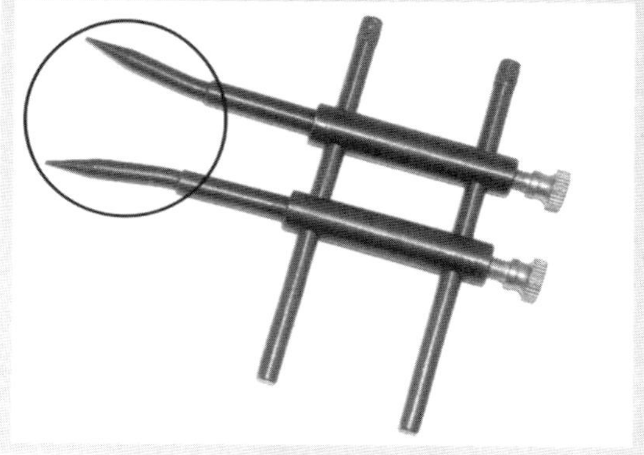

3 レンズの内側を清掃する。

絞り羽根の清掃もできる。

後玉を分解する

1 マウント面のネジ6カ所を外す。

この後玉を取り外す。

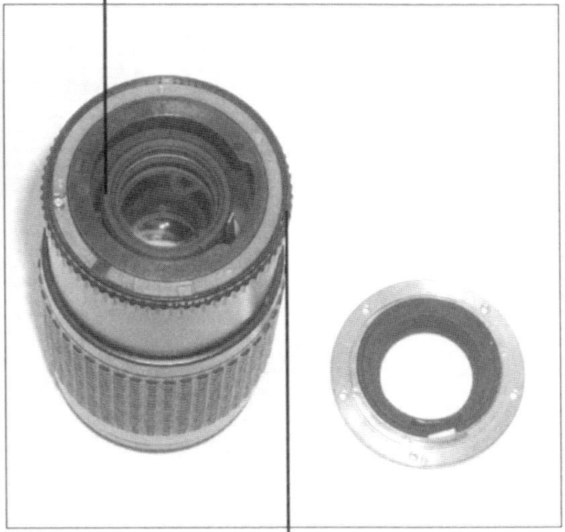

絞りリングをつかんで持ち上げると外れてしまうので注意！

2 ゴムアダプタを押し付けて反時計回りに回す。

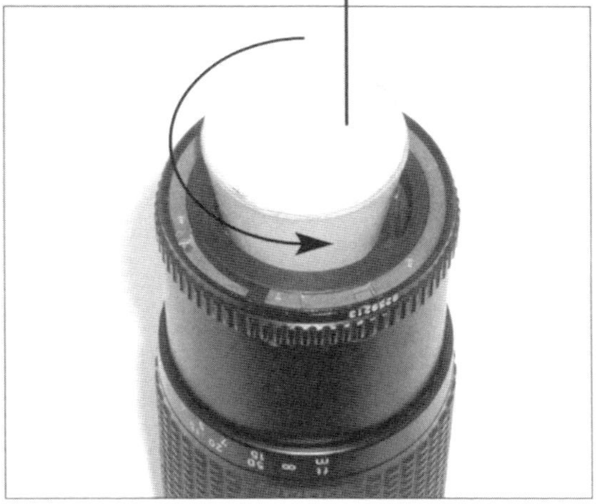

3 レンズの内側を清掃する。

3-4

SIGMA ZOOM-κII 70-210mm/F4.5

■発売年月	1982年?
■標準価格	31,000円
■マウント	各種MFマウント
■外形	φ64×130.5mm
■重量	530g

70年代後半から80年代前半にかけては、Canon AE-1が爆発的にヒットし、一眼レフが一気に大衆化した時代でした。それまで、一眼レフは富裕層の道楽品的なイメージが強かったのですが、AE-1の登場で学生や若いサラリーマンなど、経済的に豊かではない人達でも手が届くようになりました。若者がこぞって一眼レフを欲しがり、また手に入れた時代でした。しかし、カメラ本体が大衆化したとはいえ、望遠ズームはまだまだ高嶺の花でした。Pentax-M 80-200/4.5の項でも述べましたが、80年代前半ころまで、望遠ズームはボディよりも高価なレンズだったのです。

ところがその後、レンズ専業メーカーが廉価の望遠ズームを投入してくれたおかげで、カメラ少年たちも気軽に望遠を楽しむことができるようになりました。試みに、1983年のプライスリストを参考にして、当時の典型的なシステムを組んでみましょう。3本のレンズの価格のバランスに注目してください。

ボディ	Canon AE-1	50,000円
標準レンズ	New FD 50mm/F1.8	22,000円
広角レンズ	New FD 35mm/F2.8	24,000円
望遠ズーム	SIGMA ZOOM-κII (70-210mm/F4.5)	31,000円
(参考)	New FD 70-210mm/F4	59,000円

このように、SIGMA ZOOM-κIIは、純正望遠ズームよりもわずか1/3段暗いだけで、価格は約半分だったのです。しかも、ズームレンジ、明るさ、重さ、使い勝手、描写、価格のバランスが良い、非常に便利なレンズでした。決して安物の粗悪品ではありません。もちろん、描写は純正レンズに一歩譲りますが、それを割り引いても非常にお買い得感のあるレンズでした。ひょっとすると、純正の望遠ズームよりも良く売れたかもしれません。そのため、中古市場にもかなり豊富に出回っていて、特にCanon FDマウント版をよく見かけます。本書で扱っているのもFDマウント版です。

ところが、廉価レンズの宿命で、保存状態の良いものはあまりありません。中玉に強烈なカビが発生したものが多いようです。もちろん、カビ玉ならば500円〜2,000円程度で入手可能です。

このレンズは特別複雑な構造をしているわけではありませんが、分解・組み立てはかなり面倒な部類だと思います。ミスなく分解するためのポイントは3つあります。

①ヘリコイドのゴムをめくること
②ともかくマーキングをすること
③マウントのユニットをバラしてしまわないこと

ビギナーには少々難しいかもしれませんが、廉価レンズでもあり、腕試しに挑戦してみると良いでしょう。

分解の目的

■カビ取り

必要な工具

■ゴムアダプタ
■ドライバ
■カニ目レンチ
■レンズクリーナーなど
■アルミテープ
■ビニールテープ、ダーマトグラフなど

レンズの清掃

最初に前玉を分解してレンズの内部を清掃します。前節のPentax-M 80-200mm/F4.5と異なり、ズームリング／ピントリングを分解しなければならないため、作業はかなり面倒です。また、分解したあとも、組み立てに苦労するかもしれません。特に距離指環を合わせるのが難しいでしょう。

前玉を外す

1 ピントリングのゴムを下から少しめくり上げる。

POINT
ズームレンズはゴムをめくれ!

メモ
ゴムをめくり上げるときにはマイナスドライバ等を使います。

上下逆さまにして作業する。

2 ゴムをめくってアルミテープを出す。

3 アルミテープを少しだけめくる。

4 マーキング用にビニールテープなどを貼る。

POINT
レンズはとにかくマーキング!

メモ
この部分でピントと距離指環の位置を一致させます。組み立てるときは、無限遠が出るように調整してください。

5 アルミテープをはがす。

6 マーキングテープをカッターナイフで切る。

縦方向に貼ってあるアルミテープには手を付けない。

注意

組み立てるときは、新しいアルミテープを貼ってください。このとき、接着力が落ちているテープだと、ズーム操作中に前玉ユニットが抜けてしまいます。アルミテープはラピーなどを使うと良いでしょう。

7 前玉をゆっくり回転させながら外す。

注意

この作業は慎重に行ってください。乱暴に外してしまうと、組み立てるときに苦労します。

8 テープを貼り付け、前玉が外れた瞬間の位置をマーキングする。

9 前玉が外れたら、レンズの内側を清掃する。

メモ

ヘリコイドを分解する場合は、マーキングが非常に重要になります。ピントリングのネジとレンズ本体側のネジは、特定の箇所からねじ込み始めないとピントが合わなくなるからです。誤った箇所からねじ込むと、最短撮影距離が10mになってしまったり、逆に無限遠が出なくなったりします。距離の指環自体はピントリングから独立しているので、ある程度の狂いは補正できますが、こうした大きな狂いは補正できません。なお、ピントの更正の際には、無限遠を基準にするのが一般的です。

中玉を外す

1 この部分のネジとネジ周りのプラスチック環を外す。

2 裏側のネジとプラスチック環を外す。

注意

このプラスチック環には裏表があります。裏表を間違うとネジを奥までねじ込めません。組み立ての際には気を付けてください。

3 外側の筒をずらす。

4 このネジとプラスチック環を外す。

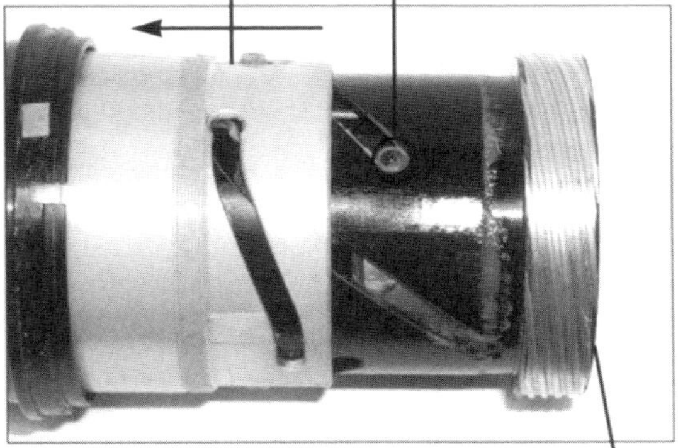

5 裏側のネジとプラスチック環を外す。

メモ

先ほどのプラスチック環は黒色でしたが、こちらは白色です。組み立てるときに間違えないようにしてください。

6 中玉のユニットを取り出す。

7 このネジとプラスチック環を外す。

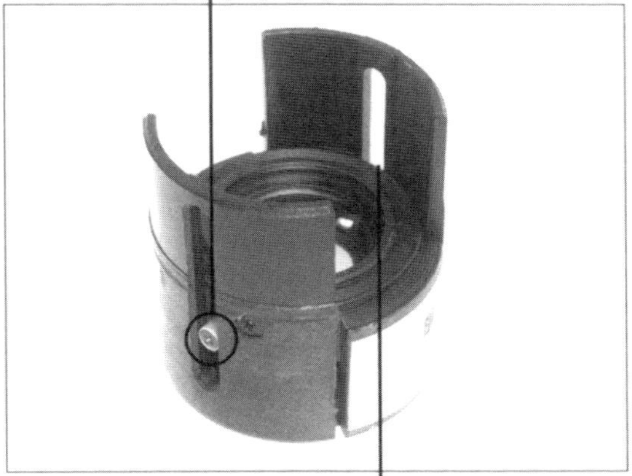

8 裏側のネジとプラスチック環を外す。

9 中玉のユニットを分解してレンズの表裏を清掃する。

マウント部と後玉の分解

後玉を取り出すには、マウント部を取り外す必要があります。少し面倒ですが、絞りの動作の確認も兼ねて取り外してみましょう。なお、レンズ専業メーカーのレンズはマウント部がユニット化されています。マウントのユニットを分解しないでレンズ本体から取り外すのがコツです。

マウント部を取り外す

1 マウント面のネジ6ヵ所を外す。

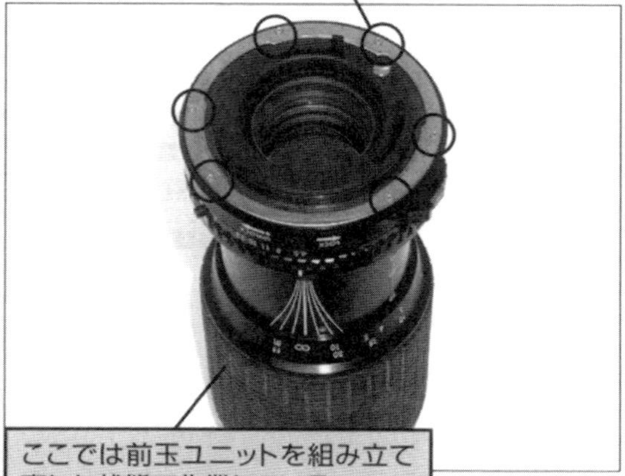

ここでは前玉ユニットを組み立て直した状態で作業している。

メモ

この6本のネジはすべて同じものではありません。ネジは外した場所がわかるように保存しておきましょう。

2 リングを取り外す。

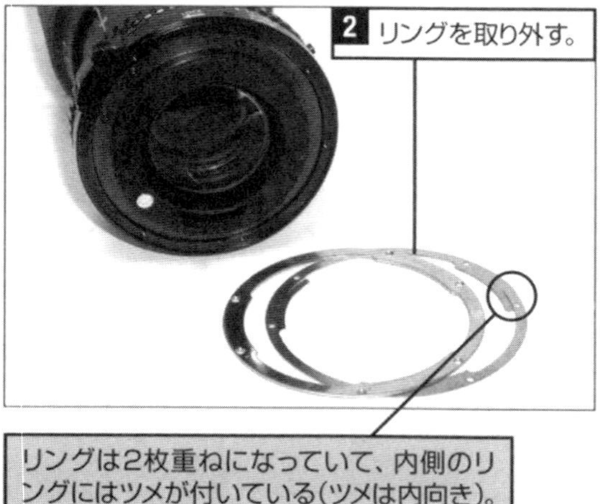

リングは2枚重ねになっていて、内側のリングにはツメが付いている(ツメは内向き)。

3 円周上の5本のネジのうち、3本を取り外す。

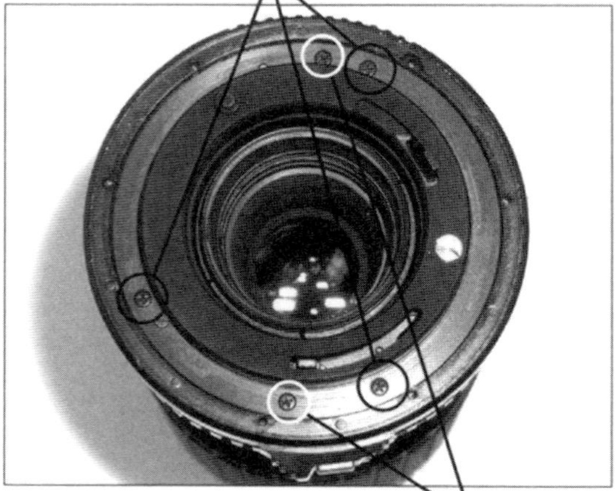

このネジは外してはいけない。

注意

上記3本のネジを外すと、マウント部がユニットごと外れます。5本全部外してしまうとマウント部が完全にバラバラになってしまうので、注意してください。

後玉を外す

1 後玉を手で回して外す。

2 リング2本を取り出す(金色のほうが内側)。

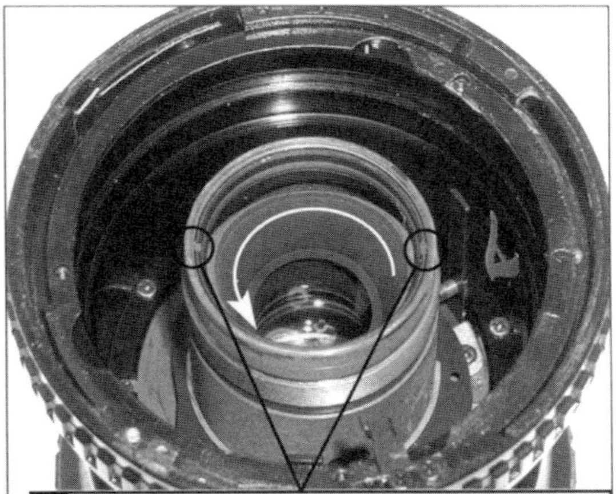

3 このリングをカニ目レンチで回して取り外す。

4 レンズを取り外し、内側を清掃する。

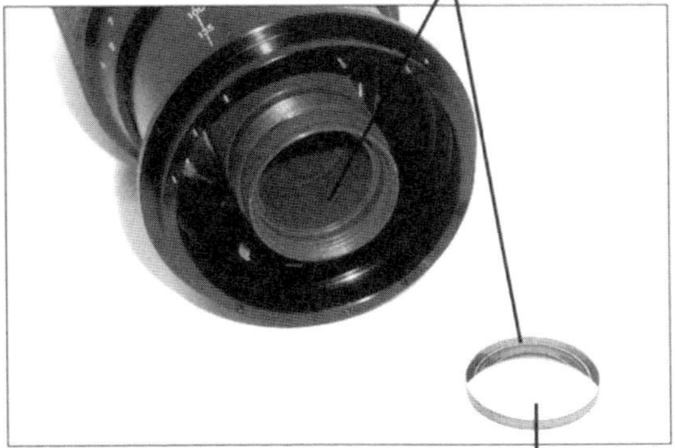

後玉は外側が凸面。

コラム

絞りの動作不良

ZOOM-κⅡは、ときどき絞りが故障して、全く絞れなくなることがあります。マウント部の絞り制御用のレバーと絞り部の金具がうまく噛み合わなくなると、このような症状が出ます。組み立ての際には、レバーと金具がうまく噛み合うように調整してください。

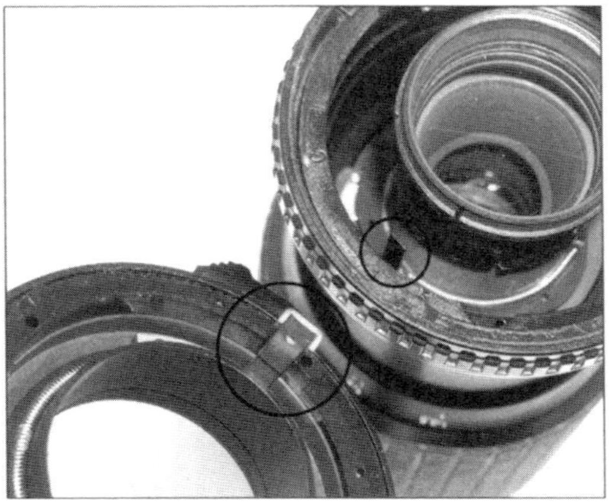

メモ

組み立て直すときは、①上記の絞りレバーの噛み合わせ、②ピントの更正、に気を付けてください。物理的に困難な箇所はありませんが、ピントの更正にはかなり苦労すると思います。

3-5

Canon EF
35-80㎜/F4-5.6

このレンズは、EOS 1000とセット発売された標準ズームです。小さく軽く、(値段の割には)良く写るレンズなのですが、分解してみて驚きました。EOS 1000も非常に玩具っぽい構造ですが、レンズのほうはさらに輪を掛けたような造りです。分解しながら、本当にこれでいいのか心配になってくるほどです。プラスチックの筒にプラスチックのレンズを貼り付けだけでこれだけ写るとは、日本の技術水準は驚くべきレベルに達しているということなのでしょう。

しかし、ドイツースイス系カメラのセンスをこよなく愛する金属フェチ的カメラファンにとって、このレンズの存在は「冒涜」に近いものがあります。EOS 1000が投げかけた問題とは、チャチな造りでも性能的にはかなり優秀なものができる、しかし、それでは満足しないユーザーも決して少ない数ではない、ということです。キヤノンもその点を考慮したのか、EOS 1000以降の機種ではコストと質感のバランスに相当気を使うようになりました。

このレンズは非常にたくさん売れたので、中古市場でも数多く見かけます。しかし、やはり程度の良い物は少なく、大半はカビ玉です。廉価レンズの宿命でしょう。もちろん、ジャンク品の価格は非常に安いので、遊び半分で買っても良いでしょう。ともかく、一度どんなものか見ていただきたいと思います。

分解は非常に簡単です。少なくとも光学系に関しては、ドライバと千枚通しさえあれば清掃可能です。ただし、AF機構まで分解してしまうと元に戻らなくなる可能性があるので、最初は光学系の清掃のみに止めておいてください。

なお、EF 35-80mm/F4-5.6は、初代、USM、II、IIIと少なくとも4種類あり、それぞれ分解方法が異なるので注意してください。本書で扱っているのは初代EF 35-80/4-5.6です。ちなみに、EF 28-80mm/F3.5-5.6は7種類、EF 28-90mm/F4-5.6も5種類あります。

■発売年月	1990年9月
■標準価格	22,000円
■マウント	EFマウント
■外形	φ68.6×61mm
■重量	180g

他メーカーでも、同一スペックのレンズを何種類か作ることがありますが、ここまで極端なのはキヤノンだけでしょう。キヤノンはボディもレンズも作り切りで、在庫がなくなっても増産せずに、次のモデルに移るという方式を取っていたようです。

EF35-80mm/F4-5.6 Ⅱ

分解の目的

■カビ取り

必要な工具

■ドライバ
■千枚通し
■レンズクリーナーなど

前玉を外す

この化粧リングを外す。

1 千枚通しなどで化粧リングの切り欠きを引っかけてこじ開ける。

2 レンズの先端を反時計回りに回す。

メモ

少し回すだけで外れます。強く回し過ぎないでください。

3 前玉が外れるので内側を清掃する。

4 レンズを止めているネジを3ヵ所外す。

5 レンズの内側を清掃する。

後玉を外す

まず、この化粧板を外す。

1 化粧板とレンズの間にマイナスの精密ドライバなどを突っ込んで、化粧板を引き剥がす。

メモ

この化粧板は接着剤で軽く接着してあるだけです。

2 化粧板を取り外す。

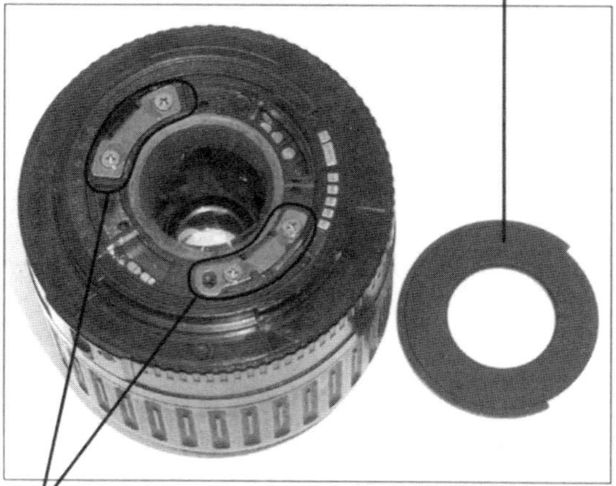

中玉を前後させるためのガイドレール。迂闊にネジを外さないこと。

3 後玉を精密ドライバでこじ開ける。

メモ

後玉も接着剤で軽く接着してあるだけです。

メモ

組み立てる際は、レンズを元の位置に戻すだけで十分です。接着力が残っているので自然に貼り付き、改めて接着剤を塗布する必要もありません。しかし、この造りで本当に光軸が合うのでしょうか…？

4 レンズの内側を清掃する。

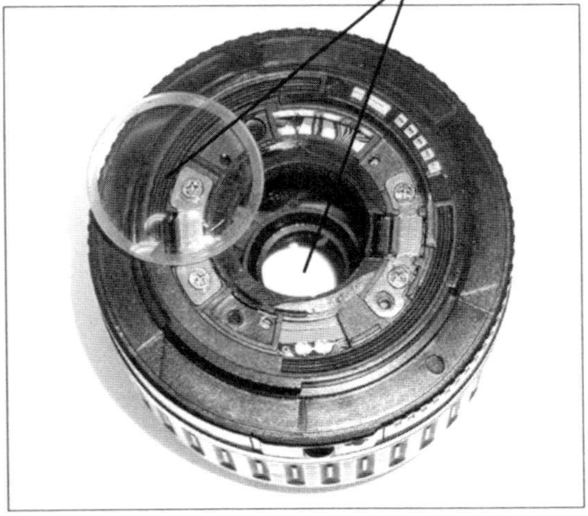

コラム

カビの程度と影響

一口にレンズのカビと言っても、その程度はさまざまです。一般に、軽度のカビは描写にはほとんど影響がないと言われています。むしろ、素人が迂闊に分解清掃などをすれば、逆に描写が悪化することもあります。しかし、ひどいカビは確実に描写に影響が出るので、素人清掃でもやったほうがマシです。その分かれ目はどのあたりでしょうか？

◎点カビ

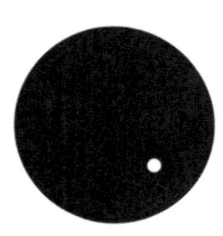

レンズ上にポツンと点のように見えるカビです。正面から見るとホコリと見間違うこともありますが、斜めから光を当ててみると、透明な菌糸が生えているのが見えたり、コーティングが変色していることがあります。しかし、これは描写にはほとんど影響を与えません。少なくとも素人の分解掃除は止めたほうが良いと思います。

◎菌糸状のカビ

白い菌糸がしっかりと見えるカビです。雪の結晶やヒビ割れのように見えます。これも、レンズの周辺部にあるだけならば、描写にはあまり大きな影響はありません。ただし、レンズの中央部にある場合は清掃をしたほうが良いでしょう。特に、後玉の中央にある場合は清掃が必要です。カビの影響は前玉よりも後玉で大きく出るからです。

◎くもり状のカビ

白いカビがレンズ一面に生えて、レンズがすりガラスのようになってしまった状態です。これは描写に確実に悪影響を与えます。ひどくなれば、ピント合わせも満足にできないでしょう。ソフトフォーカスレンズとして面白がって使うのも手ですが、ダメモトで分解研究に使うのがよいと思います。

◎腐蝕カビ

一見、点カビや軽度の菌糸状のカビのように見えても、実はレンズのガラスを腐蝕して、内部にまで侵入しているカビもあります。カビをクリーニングしても、レンズ表面に小さな穴が残ります。流石にこれは分解清掃が必要ですが、外から見ただけでは点カビや菌糸状のカビと区別が付きにくいのが問題です。面積は狭くても、白い部分が非常に強く感じられるカビは腐蝕カビの可能性があるので気を付けてください

staff

著者プロフィール
水滸堂ジャンクカメラ研究室（すいこどう・じゃんくかめら・けんきゅうしつ）
幅広い分野で活躍する編集プロダクション（有）水滸堂で、ジャンクカメラの研究している穀潰しセクション。数年前に自然発生的に社内に湧いたが、今まで社の利益になることは何ひとつしてこなかった。本書の出版によってようやく日の目を見ることができ、研究員一同感涙にむせぶ日々を送っている。

AD　山田幸廣
デザイン　片山裕子
松尾美恵子／清野真理子（プライマリー・グラフィックス）
イラスト　加藤陽子
編集　青木宏治

ジャンクカメラの分解《ぶんかい》と組《く》み立《た》てに挑戦《ちょうせん》!

2005年11月25日　初版第1刷発行
2024年 8 月 9 日　初版第11刷発行

著者　水滸堂《すいこどう》ジャンクカメラ研究室《けんきゅうしつ》
発行者　片岡巌
発行所　株式会社技術評論社
東京都新宿区市谷左内町21-13
電話　03-3513-6150 販売促進部
03-3513-6166 書籍編集部
印刷・製本　港北メディアサービス株式会社

定価は表紙に表示してあります

造本には細心の注意を払っておりますが、万一、乱丁（ページの乱れ）や落丁（ページの抜け）がございましたら、小社販売促進部までお送りください。送料小社負担にてお取り替えいたします。

ISBN4-7741-2562-8 C0072
Printed in Japan